Dorfmayr · Mistlbacher · Sator · Zillner

thema mathematik

6

Kompetenztraining

VERITAS
Lernen verbindet uns

Inhaltsverzeichnis

1. Potenzen, Wurzeln, Logarithmen

1.1 Potenzen mit ganzzahligen Exponenten

Ziel Potenzen mit natürlichen und ganzzahligen Exponenten verständig einsetzen **AG-R 2.1**

1 AG-R 2.1

Berechne den Wert der Potenzen für $n \in \mathbb{N}^*$.

$1^n =$ ________ $0^n =$ ________ $(-1)^{2n} =$ ________ $(-1)^{2n+1} =$ ________

2 AG-R 2.1

Begründe mithilfe der Rechenregeln für Potenzen, warum $\frac{2^7}{4^3} = 2$ gilt.

3 AG-R 2.1

Ordne jedem Term links den äquivalenten Term (aus A bis F) zu!

$a^{5\cdot 3}$	
a^{5+3}	
a^{5^3}	
a^{5-3}	

A	$a^5 + a^3$
B	$\frac{a^5}{a^3}$
C	$(a^5)^3$
D	$a^{(5^3)}$
E	$a^5 \cdot a^3$
F	$a^5 - a^3$

4 AG-R 2.1

Ordne jedem Term links den äquivalenten Term (aus A bis F) zu!

$\frac{a^3}{a^{-3}}$	
$\frac{a^{-3}}{b^{-3}}$	
$\frac{a^3}{b^{-3}}$	
$b^{-3} \cdot b^3$	

A	b^6
B	$\left(\frac{b}{a}\right)^3$
C	1
D	a^6
E	$(ab)^3$
F	$\left(\frac{a}{b}\right)^3$

5 AG-R 2.1

Gegeben ist der Term $6a^2$.
Welche(r) der folgenden Terme ist/sind zum gegebenen Term äquivalent?
Kreuze die zutreffende(n) Antwort(en) an!

$5a^2 + a^2$	☐
$(-6a) \cdot (-a)$	☐
$(-2a)^2 + 2a^2$	☐
$2a^2 \cdot 3a^2$	☐
$3a^6 : \frac{a^4}{2}$	☐

6 AG-R 2.1

Gegeben ist der Term $(a^3 b^{-5})^2$.
Welche(r) der folgenden Terme ist/sind zum gegebenen Term äquivalent?
Kreuze die zutreffende(n) Antwort(en) an!

$(ab^{-2})^5$	☐
$\frac{a^5}{b^3}$	☐
$\frac{a^6}{b^{10}}$	☐
$\frac{a^9}{b^{25}}$	☐
$(a^{-3} b^{-5})^{-2}$	☐

7
AG-R 2.1

Gegeben ist der Term $\frac{4a^2}{5b^2}$.

Welche(r) der folgenden Terme ist/sind zum gegebenen Term äquivalent?

Kreuze die zutreffende(n) Antwort(en) an!

$\frac{a^2}{1{,}25b^2}$	☐
$\frac{1}{5}\left(\frac{2a}{b}\right)^2$	☐
$0{,}8\left(\frac{a}{b}\right)^2$	☐
$4a^2b^{-2}5^{-1}$	☐
$0{,}8a^2b^{-2}$	☐

8
AG-R 2.1

Gegeben ist der Term $\frac{1}{(x^{-2}yz^3)^{-2}}$.

Welche(r) der folgenden Terme ist/sind zum gegebenen Term äquivalent?

Kreuze die zutreffende(n) Antwort(en) an!

$x^4y^{-2}z^{-6}$	☐
$(x^{-2}yz^3)^2$	☐
$\frac{1}{x^4y^{-2}z^{-6}}$	☐
$\frac{y^2z^6}{x^4}$	☐
$\left(\frac{yz^3}{x^2}\right)^2$	☐

9
AG-R 2.1

Kreuze die zutreffende(n) Aussage(n) an!

$\frac{a}{b} = ab^{-1}$	☐
$\frac{1}{ab} = ab^{-1}$	☐
$\frac{1}{ab} = a^{-1}b^{-1}$	☐
$\frac{1}{a+b} = a^{-1} + b^{-1}$	☐
$a + \frac{1}{b} = a + b^{-1}$	☐

10
AG-R 2.1

Kreuze die zutreffende(n) Aussage(n) an!

$2(a^4)^5 = 2a^9$	☐
$\left(\frac{a^2}{3}\right)^2 = -9a^4$	☐
$\frac{3^x}{3} = 3^{x-1}$	☐
$x^2 \cdot (x^0)^1 = x^3$	☐
$\frac{x^7}{x^0}$ ist nicht definiert	☐

11
AG-R 2.1

Kreuze die zutreffende(n) Aussage(n) an!

$\frac{(-3ab^3)^2}{4a^2b^5} = \frac{3}{4}$	☐
$\frac{3a^{-5}}{a} = 3a^6$	☐
$-2b^{-3} = \frac{1}{2b^3}$	☐
$\frac{4a^2}{b} \cdot b^{-3} = \frac{4a^2}{b^4}$	☐
$(-ab^2)^{-4} \cdot (-3ab) = \frac{3}{b^7}$	☐

12
AG-R 2.1

Gegeben ist eine negative reelle Zahl a.

Welche der folgenden Ausdrücke ergeben wieder eine negative reelle Zahl?

Kreuze die beiden zutreffenden Terme an!

a^{-2}	☐
$7a$	☐
a^{-1}	☐
$a^{\frac{1}{2}}$	☐
a^4	☐

13
AG-R 2.1

Vereinfache den Term $\left(\frac{2}{x^2}\right)^{-3} \cdot 16x^{-4}$ und schreibe ihn mit positiven Exponenten an!

14
AG-R 2.1

Ergänze die Textlücken im folgenden Satz durch Ankreuzen der jeweils richtigen Satzteile so, dass eine mathematisch korrekte Aussage entsteht!

Potenzen mit gleicher Basis werden ______ ① ______, indem man die Basis mit ______ ② ______ der Exponenten potenziert.

①	
addiert	☐
multipliziert	☐
dividiert	☐

②	
der Summe	☐
dem Produkt	☐
dem Quotienten	☐

1.2 Potenzen mit rationalen Exponenten – Wurzeln

Ziel Potenzen mit rationalen Exponenten als Wurzeln darstellen und verständig einsetzen **AG-R 2.1**

15
AG-R 2.1

Kreuze jene Zahl(en) an, die aus der Zahlenmenge ℕ ist/sind!

$\left(\frac{1}{8}\right)^{-\frac{2}{3}}$	☐
$(-4)^{\frac{3}{2}}$	☐
$1^{-\frac{4}{3}}$	☐
$(-0{,}25)^{-2}$	☐
$8^{\frac{2}{3}}$	☐

16
AG-R 2.1

Gegeben sind verschiedene Aussagen über Potenzen und Wurzeln ($a \in \mathbb{R}^+$).

Kreuze die zutreffende(n) Aussage(n) an!

$\sqrt[12]{a^8} = \sqrt[3]{a^2}$	☐
$\sqrt[4]{a^{12}} = a^3$	☐
$\sqrt[12]{a^6} = a^2$	☐
$\sqrt[3]{a^3} = a$	☐
$\frac{1}{\sqrt[12]{a^2}} = -\sqrt[6]{a}$	☐

17
AG-R 2.1

Gegeben sind verschiedene Aussagen über Potenzen und Wurzeln ($x, y \in \mathbb{R}^+$).

Kreuze die beiden zutreffenden Aussagen an!

$\left(\frac{y^k}{x}\right)^{\frac{1}{k}} = x^{-\frac{1}{k}}$	☐
$\sqrt[k]{\frac{x}{y^k}} = \frac{\sqrt[k]{x}}{y}$	☐
$x \cdot \sqrt[k]{y^k} = \sqrt[k]{x^k \cdot y}$	☐
$\frac{x}{y^{\frac{1}{k}}} = x \cdot \sqrt{y^{-k}}$	☐
$\frac{\sqrt[k]{y}}{x^{\frac{1}{k}}} = \left(\frac{y}{x}\right)^{\frac{1}{k}}$	☐

18
AG-R 2.1

Begründe mithilfe der Rechenregeln für Potenzen, warum $\left(9 : 9^{\frac{2}{3}}\right)^{\frac{3}{2}} = 3$ gilt.

19
AG-R 2.1

Gegeben ist der Term $a^{-\frac{5}{2}}$.

Gib eine Bedingung für die Variable a an, sodass dieser Term eine rationale Zahl ergibt!

20
AG-R 2.1

Stelle den Term $(2x)^{-\frac{3}{4}}$ mithilfe einer Wurzel und ohne Verwendung eines negativen Exponenten dar!

21 AG-R 2.1

Ordne jedem Term links den äquivalenten Term (aus A bis F) zu!

$3a^{-2}$	
$a^{\frac{3}{2}}$	
$3a^{\frac{1}{2}}$	
$a^{-\frac{2}{3}}$	

A	$\sqrt{a^3}$
B	$\frac{3}{a^2}$
C	$\frac{1}{3a^2}$
D	$3\sqrt{a}$
E	$\sqrt[3]{\frac{1}{a^2}}$
F	$\sqrt{3a}$

22 AG-R 2.1

Ordne jedem Term links den äquivalenten Term (aus A bis F) zu!

$x \cdot \frac{1}{\sqrt[3]{x}}$	
$\frac{1}{\sqrt[3]{x}} : x$	
$\sqrt[3]{x} : x$	
$x \cdot \sqrt[3]{x^2}$	

A	$x^{\frac{5}{3}}$
B	$x^{\frac{4}{3}}$
C	$x^{\frac{2}{3}}$
D	$x^{-\frac{1}{3}}$
E	$x^{-\frac{2}{3}}$
F	$x^{-\frac{4}{3}}$

23 AG-R 2.1

Gegeben ist der Term $b^{-\frac{4}{5}}$.

Welche der folgenden Terme sind zum gegebenen Term äquivalent?

Kreuze die beiden zutreffenden Antworten an!

$-\frac{4b}{5}$	☐
$\frac{1}{\sqrt[5]{b^4}}$	☐
$(b^{-4})^{-\frac{1}{5}}$	☐
$-\sqrt[4]{b^5}$	☐
$(\sqrt[5]{b^4})^{-1}$	☐

24 AG-R 2.1

Gegeben ist der Term $\frac{3}{\sqrt{6x}}$.

Welche(r) der folgenden Terme ist/sind zum gegebenen Term äquivalent?

Kreuze die zutreffende(n) Antworte(n) an!

$\frac{1}{\sqrt{2x}}$	☐
$(\sqrt{54x})^{-1}$	☐
$3(6x)^{-\frac{1}{2}}$	☐
$\frac{\sqrt{6x}}{2x}$	☐
$3(\sqrt{6x})^{-1}$	☐

25 AG-R 2.1

Vereinfache durch partielles Wurzelziehen so weit wie möglich!

$\sqrt{24x^3y^4} =$ ____________________

26 AG-R 2.1

Kreuze die beiden zutreffenden Aussagen an!

$x^{\frac{1}{2}} \cdot x^{\frac{2}{3}} = \sqrt[3]{x}$	☐
$\frac{x^{\frac{2}{5}}}{x^5} = x^2$	☐
$x^{-\frac{2}{3}} \cdot x^{-\frac{1}{3}} = \frac{1}{x}$	☐
$x^0 \cdot x^{\frac{1}{2}} = \sqrt{x}$	☐
$x^{\frac{5}{3}} \cdot x^{-\frac{4}{3}} = \frac{1}{\sqrt[3]{x}}$	☐

27 AG-R 2.1

Ordne jedem Term links den äquivalenten Term (aus A bis F) zu!

$\sqrt{xy^3}$	
$\sqrt[3]{\frac{x^6}{y^2}}$	
$\sqrt{\frac{x}{y}}$	
$\sqrt[3]{x^2y^6}$	

A	$x^{\frac{1}{2}}y^{-\frac{1}{2}}$
B	$x^{\frac{1}{2}}y^{-\frac{1}{3}}$
C	$x^{\frac{2}{3}}y^2$
D	$x^2y^{-\frac{2}{3}}$
E	$x^2y^{\frac{2}{3}}$
F	$x^{\frac{1}{2}}y^{\frac{3}{2}}$

28 AG-R 2.1

Kreuze die nicht zutreffende Aussage an ($x, y \in \mathbb{R}^+$)!

$\sqrt{x^4} = x^2$	☐
$\sqrt[3]{40} = 2\sqrt[3]{5}$	☐
$\sqrt{\frac{2}{25}} = \frac{\sqrt{2}}{5}$	☐
$\sqrt[4]{x^2y^6} = xy\sqrt[4]{y^2}$	☐
$\sqrt[3]{250} = 5\sqrt[3]{2}$	☐
$\sqrt{2{,}25x^3} = 1{,}5x\sqrt{x}$	☐

1.3 Potenzen mit reellen Exponenten

Dieser Abschnitt enthält keine Reifeprüfungs- und Lehrplan-Grundkompetenzen.

1.4 Logarithmen und einfache Exponentialgleichungen

Ziel Terme mit Logarithmen vereinfachen und Exponentialgleichungen lösen **AG-R 2.1**

29 AG-R 2.1

Ordne jedem Logarithmus seinen Wert (aus A bis F) zu!

lg 1000	
lg 0,1	
$\log_2 32$	
$\log_2 \frac{1}{2^3}$	

A	−5
B	−3
C	−1
D	2
E	3
F	5

30 AG-R 2.1

Ordne jedem Logarithmus seinen Wert (aus A bis F) zu!

lg 0,01	
lg 10^2	
$\log_2 1$	
$\log_2 \frac{1}{2}$	

A	−2
B	−1
C	0
D	1
E	2
F	3

31 AG-R 2.1

Ergänze die Textlücken im folgenden Satz durch Ankreuzen der jeweils richtigen Satzteile so, dass eine mathematisch korrekte Aussage entsteht!

Im Ausdruck $a^x = b$ ist x ______ ① ______ und a ______ ② ______.

①	
der Exponent	☐
die Potenz	☐
die Basis	☐

②	
der Exponent	☐
die Potenz	☐
die Basis	☐

32 AG-R 2.1

Kreuze die beiden zutreffenden Aussagen an!

$\log_a 8 = 4$	$\Leftrightarrow$	$a = 2$	☐
$\log_{10} a = 3$	$\Leftrightarrow$	$a = 0{,}001$	☐
$\log_3 \frac{1}{3} = a$	$\Leftrightarrow$	$a = -1$	☐
$\log_5 \sqrt{5} = a$	$\Leftrightarrow$	$a = \frac{1}{2}$	☐
$\log_a 36 = 2$	$\Leftrightarrow$	$a = 18$	☐

33 AG-R 2.1

Begründe mithilfe der Rechenregeln für Logarithmen, warum $\lg 2 + \lg 5 = 1$ ist.

34 AG-R 2.1

Gegeben ist die Gleichung $a = \log_b c$

Kreuze die zutreffende Aussage an!

a ist der Logarithmus von *b*	☐
a ist der Logarithmus von *c*	☐
b ist der Logarithmus von *a*	☐
b ist der Logarithmus von *c*	☐
c ist der Logarithmus von *a*	☐
c ist der Logarithmus von *b*	☐

35 AG-R 2.1

Bestimme die Logarithmen mithilfe der gegebenen Tabelle!

x	1	2	3	4	5	6	7	8	9	10
2^x	2	4	8	16	32	64	128	256	512	1024

$\log_2 128 =$ ______ $\quad \log_2 \frac{1}{32} =$ ______ $\quad \log_2 \sqrt{8} =$ ______ $\quad \log_2 \sqrt[3]{256} =$ ______

36 AG-R 2.1

Ergänze die Textlücken im folgenden Satz durch Ankreuzen der jeweils richtigen Satzteile so, dass eine mathematisch korrekte Aussage entsteht!

$\log_2 64$ hat den Wert ______ ① ______, weil ______ ② ______ ist.

①	
32	☐
6	☐
16	☐

②	
$8^2 = 64$	☐
$2^6 = 64$	☐
$2 \cdot 32 = 64$	☐

37 AG-R 2.1

Ergänze die Textlücken im folgenden Satz durch Ankreuzen der jeweils richtigen Satzteile so, dass eine mathematisch korrekte Aussage entsteht!

$\log_2 16$ hat den Wert ______ ① ______, weil ______ ② ______ ist.

①	
4	☐
8	☐
$\frac{1}{2}$	☐

②	
$2 \cdot 8 = 16$	☐
$2^4 = 16$	☐
$4^2 = 16$	☐

38 AG-R 2.1

Ordne jedem Term links den äquivalenten Term (aus A bis F) zu!

$\log(3a^2)$	
$3\log(a^2)$	
$\log(2a^3)$	
$\log\frac{a^3}{2}$	

A	$\log 3 + 2\log a$
B	$\log 2 + 3\log a$
C	$\frac{3\log a}{\log 2}$
D	$6\log a$
E	$2\log(3a)$
F	$3\log a - \log 2$

39 AG-R 2.1

Gegeben ist der Term $\log\frac{a^2}{b}$ mit $a, b \in \mathbb{R}^+$.
Kreuze die beiden Terme an, die zum gegebenen Term äquivalent sind!

$\log a^2 - b$	☐
$\log a^2 - \log b$	☐
$\log 2a - \log b$	☐
$2\log a - \log b$	☐
$\frac{2\log a}{\log b}$	☐

40 AG-R 2.1

Ordne jeder Gleichung mit einem Logarithmus die äquivalente Gleichung (aus A bis F) zu!

$\log_a b = c$	
$\log_b a = c$	
$\log_c b = a$	
$\log_c a = b$	

A	$a^c = b$
B	$c^a = b$
C	$c^b = a$
D	$b^c = a$
E	$a^b = c$
F	$b^a = c$

41 AG-R 2.1

Ordne jedem Ausdruck links den passenden Term (aus A bis F) zu!

$\log 2 + \log 3$	
$2 \cdot \log 4$	
$\log 8 - \log 2$	
$\log\frac{1}{2} - \log\frac{1}{6}$	
$3 \cdot \log 2$	
$\frac{1}{2} \cdot \log 25$	

A	$\log 3$
B	$\log 4$
C	$\log 5$
D	$\log 6$
E	$\log 8$
F	$\log 16$

42 AG-R 2.1

Kreuze die zutreffende(n) Aussage(n) an!

$\log 12 = \log 3 \cdot \log 4$	☐
$\log 25 = 2 \cdot \log 5$	☐
$\log 25 = \frac{1}{2} \cdot \log 5$	☐
$\log 3 = \frac{\log 9}{2}$	☐
$\log\left(\frac{1}{9}\right) = -\log 9$	☐

43
AG-R 2.1

Begründe, warum die folgende Umformung nicht korrekt ist.

$2\log(4x + b) = \log(4x)^2 + \log b^2$

44
AG-R 2.1

Ergänze die Textlücken im folgenden Satz durch Ankreuzen der jeweils richtigen Satzteile so, dass eine mathematisch korrekte Aussage entsteht!

$\log_3 \frac{1}{9}$ hat den Wert ______ ① ______ , weil ______ ② ______ ist.

①	
−9	☐
−2	☐
$\frac{1}{3}$	☐

②	
$\frac{1}{9} \cdot 3 = \frac{1}{3}$	☐
$3^{-2} = \frac{1}{9}$	☐
$\sqrt{\frac{1}{9}} = \frac{1}{3}$	☐

45
AG-R 2.1

Ordne jeder Gleichung die äquivalente Gleichung (aus A bis F) zu!

$4^x = 200$	
$x^4 = 200$	
$4x = 200$	
$\frac{4}{x} = 200$	

A	$x = \sqrt[200]{4}$
B	$x = \frac{\lg 200}{\lg 4}$
C	$x = \sqrt[4]{200}$
D	$x = \frac{200}{4}$
E	$x = \frac{4}{200}$
F	$x = \frac{\lg 4}{\lg 200}$

46
AG-R 2.1

Ordne jeder Gleichung die äquivalente Gleichung (aus A bis F) zu!

$\log_3 9 = x$	
$\log_9 3 = x$	
$\log_3 0 = x$	
$\log_3 x = 0$	

A	$x = 0$
B	$x = \frac{1}{2}$
C	$x = 1$
D	$x = 2$
E	$x = 3$
F	x nicht definiert

47
AG-R 2.1

Gegeben ist die Gleichung $2^x = \sqrt[3]{4}$. Gib ihre Lösung an!

$x =$ ____________________

48
AG-R 2.1

Ergänze die Textlücken im folgenden Satz durch Ankreuzen der jeweils richtigen Satzteile so, dass eine mathematisch korrekte Aussage entsteht!

Die Lösung der Exponentialgleichung ______ ① ______ ist gegeben durch ______ ② ______.

①	
$3^x = 0{,}2$	☐
$\left(\frac{1}{3}\right)^x = 5$	☐
$3^x = 5$	☐

②	
$\log_5 3$	☐
$\log_3 5$	☐
$\log_5 \frac{1}{3}$	☐

1.5 Anwendungen

Ziel Potenzen, Wurzeln und Logarithmen in verschiedenen Kontexten anwenden **AG-R 2.1**

49
AG-R 2.1

Ein Geldbetrag G wird auf ein Kapitalsparbuch mit einem fixen jährlichen Zinssatz gelegt. Bei Ablauf des Kapitalsparbuchs gilt $8420 = G \cdot 1{,}022^5$.

Interpretiere die Zahlenwerte 8420 bzw. 1,022 und 5 im gegebenen Kontext!

50
AG-R 2.1

Für den Wert einer Aktie nach vier Jahren gilt: Wert = Anfangswert $\cdot\ 1{,}23 \cdot 1{,}15^2 \cdot 0{,}87$

Interpretiere die Zahlenwerte 1,23 bzw. 1,15 und 0,87 im gegebenen Kontext!

51
AG-R 2.1

Der Umsatz einer Firma steigt im ersten Jahr ihres Bestehens um 8%, im zweiten Jahr sogar um 12%.

Zeige rechnerisch, dass die durchschnittliche jährliche Zunahme des Umsatzes kleiner als 10% ist!

52
AG-R 2.1

Der Preis für Brennholz steigt von einem Jahr zum nächsten um 3%. Ein Jahr später beträgt die Preissteigerung 3,5% und im Jahr darauf wird Brennholz um 3,3% teurer.

Berechne die durchschnittliche jährliche Preissteigerung von Brennholz in diesen drei Jahren in Prozent!

53
AG-R 2.1

Im Jahr 2000 lebten ca. 6,13 Milliarden Menschen auf der Erde. Bis zum Jahr 2010 stieg diese Anzahl auf 6,92 Milliarden.

Interpretiere das Ergebnis der folgenden Rechnung: $\sqrt[10]{\frac{6{,}92}{6{,}13}} \approx 1{,}0122$

54
AG-R 2.1

In einer Stadt leben 10000 Personen. Im ersten Jahr steigt die Einwohnerzahl um 5%, im Jahr darauf um 4%. Wieder ein Jahr später leben 11466 Personen in dieser Stadt.

Kreuze die zutreffende(n) Aussage(n) an!

Die Einwohnerzahl ist in den ersten beiden Jahren um 9% gestiegen.	☐
Die mittlere jährliche prozentuelle Zunahme der Einwohnerzahl in den drei Jahren wird mit dem Term $\sqrt[3]{\frac{11466}{10000}}$ berechnet.	☐
Die Einwohnerzahl ist im dritten Jahr um 5% gestiegen.	☐
Die Einwohnerzahl steigt in den beiden ersten Jahren im Durchschnitt weniger als 4,5%.	☐
Die Einwohnerzahl ist in den drei Jahren um $100 \cdot \left(\frac{11466}{10000} - 1\right)$ Prozent gestiegen.	☐

55 AG-R 2.1

Im Werbefolder einer Bank wird anhand eines Beispiels verdeutlicht, wie viel Gewinn ein bestimmter Wertpapier-Fonds abwirft. Dabei wird folgende Gleichung angeführt:

$10\,450 \cdot 1{,}0450^{16} \approx 21\,000$

Kreuze die beiden zutreffenden Aussagen an!

Es wurden ca. 21 000 € in den Fonds investiert.	☐
Pro Jahr steigt der Wert des investierten Kapitals um 10,45 %.	☐
10 450 € wurden zu einem Jahreszinssatz von 1,6 % angelegt.	☐
Der Fonds wirft jährlich 4,5 % Zinsen ab.	☐
Der Wert des investierten Kapitals hat sich innerhalb von 16 Jahren mehr als verdoppelt.	☐

56 AG-R 2.1

Die verschiedenen Standardgrößen für Papier wurden erstmals 1922 vom Deutschen Institut für Normung (DIN) festgelegt:

Ein Blatt Papier im Format DIN A0 hat die Maße 84,1 cm × 118,9 cm und den Flächeninhalt von 1 m^2.

Ein Blatt Papier im Format DIN A1 entsteht, wenn man ein DIN A0-Blatt der Länge nach halbiert.

Ein Blatt Papier im Format DIN A2 entsteht, wenn man ein DIN A1-Blatt der Länge nach halbiert usw.

Ein Blatt Papier in einem unbekannten Format DIN An hat einen Flächeninhalt von ca. 0,001 m^2.

Kreuze diejenige(n) Gleichung(en) an, mit der/denen man das Format berechnen kann!

$10 \cdot 2^n = 10\,000$	☐
$\left(\frac{10\,000}{2}\right)^n = 10$	☐
$10\,000 \cdot \left(\frac{1}{2}\right)^n = 10$	☐
$(0{,}5)^n = 0{,}001$	☐
$0{,}001 \cdot 2^n = 1$	☐

57 AG-R 2.1

Die Einwohnerzahl einer Stadt steigt im ersten Jahr um 5 Prozent, im nächsten Jahr um 7 Prozent.

Welcher Term gibt an, um wie viel Prozent die Einwohnerzahl im Durchnitt pro Jahr zugenommen hat?

Kreuze den zutreffenden Term an!

$100 \cdot 1{,}05 \cdot 1{,}07$	☐
$100 \cdot (1{,}05 \cdot 1{,}07 - 1)$	☐
$100 \cdot \left(\frac{0{,}05 + 0{,}07}{2}\right)$	☐
$100 \cdot \left(\frac{0{,}05 + 0{,}07}{2} - 1\right)$	☐
$100 \cdot \sqrt{1{,}05 \cdot 1{,}07}$	☐
$100 \cdot \left(\sqrt{1{,}05 \cdot 1{,}07} - 1\right)$	☐

58 AG-R 2.1

Frau Karl hat einen Geldbetrag G in einen Fonds eingezahlt. Dieser Fonds weist eine jährliche Wertsteigerung von 3 Prozent auf. Frau Karl bekommt nach sieben Jahren einen Betrag von 15 373,40 Euro ausbezahlt.

Berechne, welchen Geldbetrag G sie in den Fonds eingezahlt hat!

Geldbetrag G = ______________________ Euro

2. Ungleichungen

2.1 Ungleichungen in einer Unbekannten

Ziel Ungleichungen aufstellen, interpretieren und lösen **AG-R 2.4**

59 AG-R 2.4

Kreuze alle Werte an, die Lösungen der Ungleichung $x + 3 < 2x + 5$ sind!

-4	☐
$\frac{1}{9}$	☐
$-2{,}1$	☐
$-\frac{3}{2}$	☐
0	☐

60 AG-R 2.4

Kreuze alle Werte an, die Lösungen der Ungleichung $-\frac{3}{2}x - 4 \geq 2x - 18$ sind!

-4	☐
-2	☐
0	☐
2	☐
4	☐

61 AG-R 2.4

Ordne jeder Ungleichung die passende Lösungsmenge (aus A bis F) zu!

$5x - 20 > -10$	
$25 - 5x \geq 0$	
$3 - 1{,}5x \leq 0$	
$-3x + 15 > 0$	

A	$L = (-\infty; 5)$
B	$L = (-5; \infty)$
C	$L = [2; \infty)$
D	$L = (2; \infty)$
E	$L = (-\infty; 5]$
F	$L = (-\infty; 2)$

62 AG-R 2.4

Ordne jeder Ungleichung die passende Lösungsmenge (aus A bis F) zu!

$-2x > 6$	
$x + 5 \leq 2$	
$-3x < 9$	
$-x < -3$	

A	$L = (-3; \infty)$
B	$L = (-\infty; -3]$
C	$L = (-\infty; -3)$
D	$L = (3; \infty)$
E	$L = (-\infty; 3]$
F	$L = (-\infty; 3)$

63 AG-R 2.4

Begründe, warum die Ungleichungen $x^2 > 16$ und $x > 4$ nicht äquivalent sind!

64 AG-R 2.4

Jakob hat beim Kauf seines neuen Handys folgende Möglichkeiten:

- Handy zum Preis von 350 € mit Vertrag um 13,50 € pro Monat
- Handy um 0 € mit Vertrag um 25 € pro Monat

Schreibe mithilfe einer Ungleichung an, ab welcher Handynutzungsdauer (in Monaten) es günstiger ist, das Handy zum Preis von 350 € zu kaufen!

65 AG-R 2.4

Eine Firma erzeugt Uhren. Die Produktion von x Stück kostet $12x + 600\,000$ Geldeinheiten. Der Verkauf dieser x Stück bringt Einnahmen im Wert von $20x$ Geldeinheiten.

Interpretiere in diesem Zusammenhang den Ansatz und das Ergebnis der folgenden Rechnung:

$$20 \cdot x > 12 \cdot x + 600\,000$$
$$8 \cdot x > 600\,000$$
$$x > 75\,000$$

66 AG-R 2.4

Die Wahlbeteiligung W bei allen Bundespräsidentenwahlen in Österreich seit 1951 war höher als 50 %. Die bisher höchste Wahlbeteiligung wurde 1957 mit 97,2 % erreicht.

Drücke diese Information durch eine für die Wahlbeteiligung W passende Ungleichungskette aus.

________ % ____ W ____ ________ %

67 AG-R 2.4

Ein Lehrling in einem Handelsbetrieb erhält für seine Arbeit monatlich eine Lehrlingsentschädigung von L € brutto. Interpretiere die Ungleichungskette $570 \leq L < 1100$ in diesem Kontext.

68 AG-R 2.4

Eine Online-Plattform für *Restplatztische* in Restaurants bietet folgende Konditionen: Gegen eine Gebühr von 5 € bekommt man in ausgewählten Lokalen 15 % Rabatt auf die gesamte Konsumation.

Finde eine Fragestellung, die zu der folgenden Rechnung passt!

$x \cdot 0{,}15 > 5$

$x > 33{,}\overline{3}$

2.2 Lineare Ungleichungen und Ungleichungssysteme

Ziel Lineare Ungleichungen und Ungleichungssysteme lösen und die Lösungen grafisch veranschaulichen **AG-R 2.4**

69 AG-R 2.4

Welches der angegebenen Zahlenpaare ist eine Lösung der Ungleichung $\frac{x}{2} > 2y - 3$?

Kreuze die zutreffenden Zahlenpaare an!

(−2 | 1)	☐
(−1 | 1)	☐
(2 | 2)	☐
(4 | 2)	☐
(7 | 3)	☐

70 AG-R 2.4

Welches der angegebenen Zahlenpaare ist eine Lösung der Ungleichung $x - 2y > 4$?

Kreuze die zutreffenden Zahlenpaare an!

(0 | 0)	☐
(0 | −2)	☐
(−2 | −4)	☐
$\left(6 \mid \frac{1}{2}\right)$	☐
$\left(4 \mid -\frac{1}{6}\right)$	☐

71 AG-R 2.4

Welches der angegebenen Zahlenpaare ist eine Lösung der Ungleichung $3x - y < 2$?

Kreuze die zutreffenden Zahlenpaare an!

(−3 | 1)	☐
(0 | 0)	☐
(2 | −1)	☐
(4 | 2)	☐
(0 | 6)	☐

72 AG-R 2.4

Welches der angegebenen Zahlenpaare ist eine Lösung der Ungleichung $\frac{3x}{5} - y \leq 1$?

Kreuze die zutreffenden Zahlenpaare an!

(1 | 0)	☐
(2 | 0)	☐
(3 | 1)	☐
(4 | 2)	☐
(5 | 2)	☐

73 AG-R 2.4

Stelle die Lösung(en) der Ungleichung $3 - 2x > 8$ auf der folgenden Zahlengerade grafisch dar.

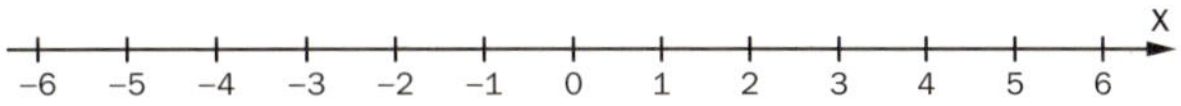

74 AG-R 2.4

Ordne jeder Halbebene die passende Ungleichung (aus A bis F) zu.

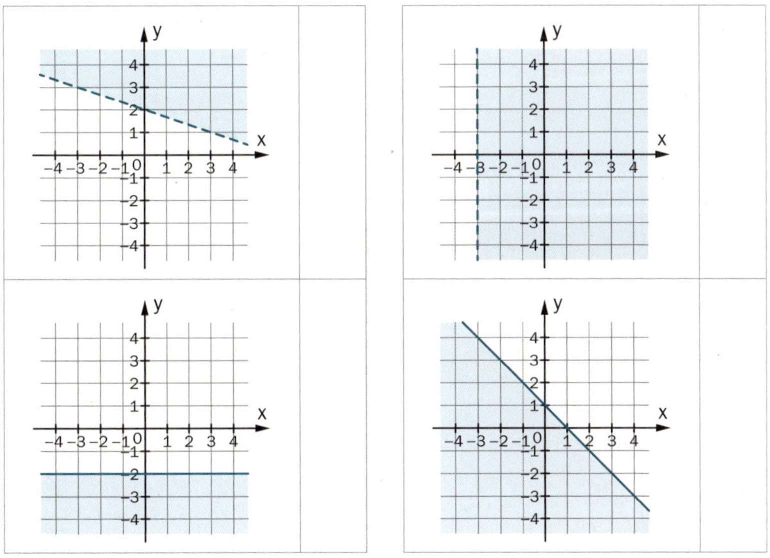

A	$2x > -6$
B	$-y \geq 2$
C	$\frac{x}{3} > 2 - y$
D	$y > -2$
E	$x + y \leq 1$
F	$y < -x + 1$

75 AG-R 2.4

Ordne jeder Halbebene die passende Ungleichung (aus A bis F) zu.

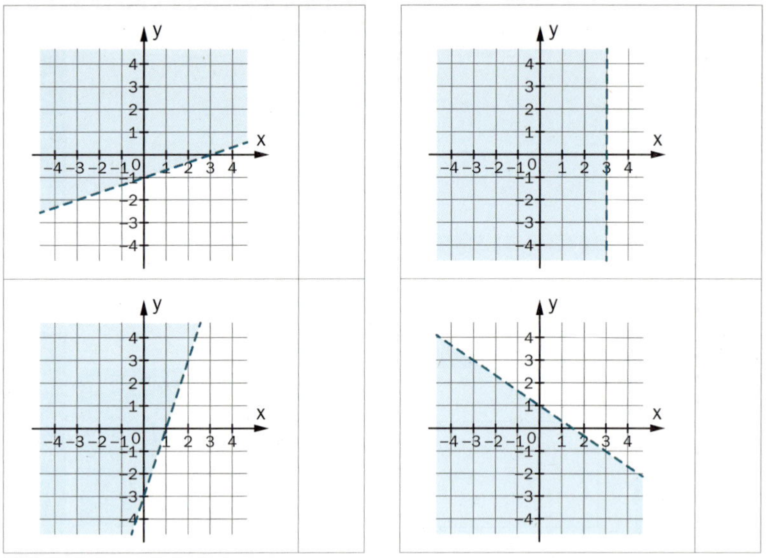

A	$2x + 3y < 3$
B	$3y - 2x < 3$
C	$y < 3$
D	$x < 1 + \frac{y}{3}$
E	$3y > x - 3$
F	$x < 3$

76 AG-R 2.4

Stelle die Lösungsmenge der Ungleichung $2y + 2 > x$ grafisch dar.

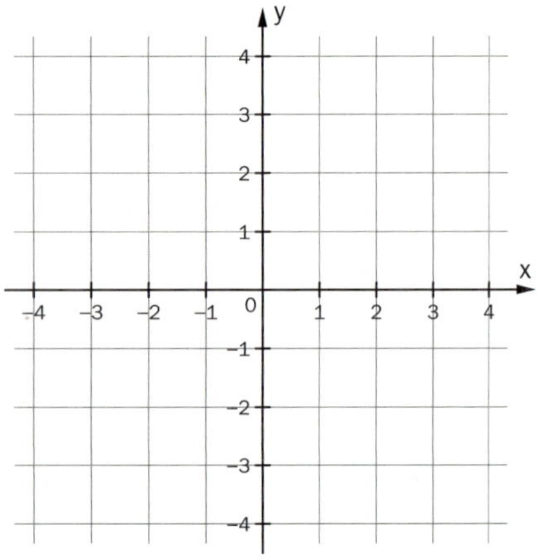

77 AG-R 2.4

Stelle die Lösungsmenge der Ungleichung $5x + 4y \leq 12$ grafisch dar.

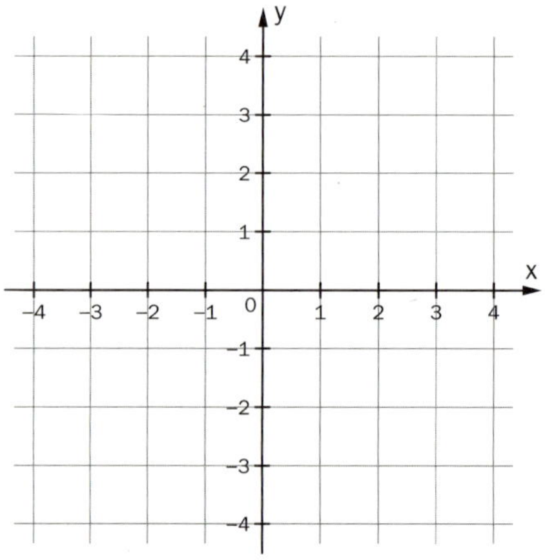

78 AG-R 2.4

Die Lösungsmenge einer Ungleichung wird durch eine Halbebene dargestellt.

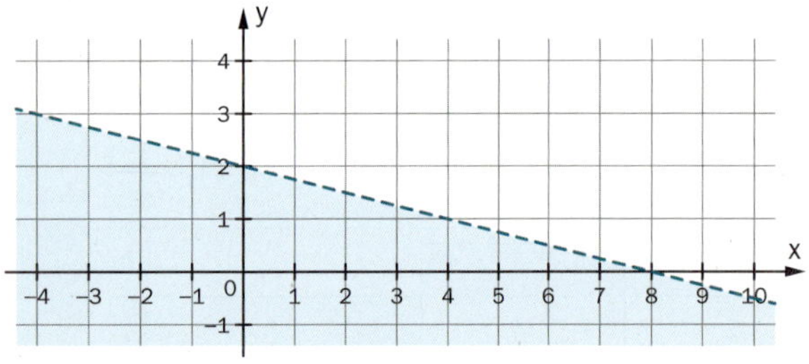

Kreuze die Ungleichung(en) an, die für alle Punkte der Halbebene zutrifft/zutreffen!

$y < 2 - 0{,}25x$	☐
$x - 4y < 8$	☐
$x + 8 < 4y$	☐
$4y \leq 8 - x$	☐
$x < 8 - 4y$	☐

79 AG-R 2.4

Löse die Ungleichungskette $2x - 4 \leq -x + 5 < 3x + 5$ und gib die Lösungsmenge in Intervallschreibweise an!

$L =$ ____________________

80 AG-R 2.4

Die Ungleichung $-\frac{3+4x}{5} > 1 - 3x$ ist gegeben.
Kreuze die beiden äquivalenten Ungleichungen an!

$\frac{3+4x}{5} > -1 + 3x$	☐
$-\frac{3+4x}{5} < 3x - 1$	☐
$3x - \frac{3+4x}{5} > 1$	☐
$3 + 4x < 15x - 5$	☐
$3 + 4x < -5 + 3x$	☐

81 AG-R 2.4

Kreuze jene Ungleichungen in $\mathbb{G} = \mathbb{R}$ an, deren Lösungsmenge ein Intervall auf der Zahlengeraden ist.

$2 + 10x > 23$	☐
$y < 3x - 2$	☐
$3x + 8y \leq 20$	☐
$-x \geq 7x + 24$	☐
$x + 7y < 4x - 32$	☐

82 AG-R 2.4

Begründe mit der gegebenen grafischen Darstellung, dass die Folgerung $-0{,}5x > 1 \Rightarrow x > -2$ falsch ist.

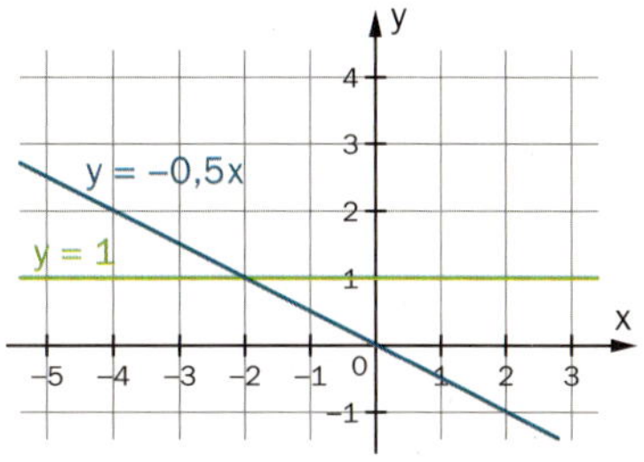

83 AG-R 2.4

Gib alle Werte für $a \in \mathbb{R}$ an, sodass das Zahlenpaar $(-2 \mid a)$ Lösung der Ungleichung $5x - 3y \geq 13$ ist!

2.3 Fallunterscheidung bei Ungleichungen

Ziel Lineare Ungleichungen und Betragsungleichungen durch Fallunterscheidung lösen **AG-R 2.4**

84 AG-R 2.4

In der Grundmenge $\mathbb{G} = \mathbb{R}$ sind zwei Ungleichungen gegeben: $x < -3$ und $2x \leq 10$
Markiere auf der gegebenen Zahlengerade alle Zahlen, die *beide* Ungleichungen erfüllen.

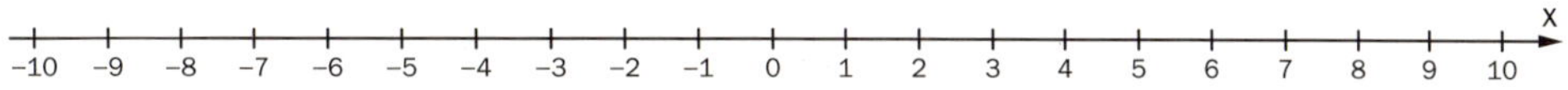

85 AG-R 2.4

In der Grundmenge $\mathbb{G} = \mathbb{R}$ sind zwei Ungleichungen gegeben: $4 - 2x \geq 0$ und $x + 2 \leq 8$
Markiere auf der gegebenen Zahlengerade alle Zahlen, die *mindestens eine* der beiden Ungleichungen erfüllen.

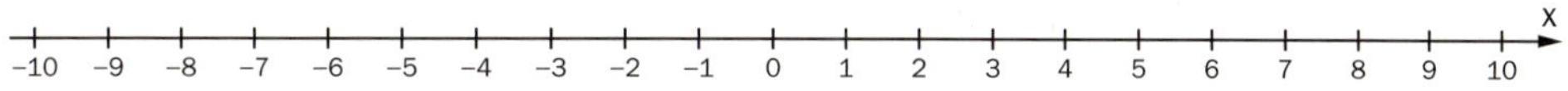

86 AG-R 2.4

Gegeben sind Ungleichungen in der Unbekannten *x*.
Kreuze alle Ungleichungen an, bei denen zur Bestimmung der Lösung eine Fallunterscheidung durchgeführt werden muss.

$r \cdot x < 1$	☐
$r - 3x > 20$	☐
$r - 7x > -10$	☐
$r \cdot x > 0$	☐
$\frac{r}{x} > 10$	☐

3. Reelle Funktionen

3.1 Eigenschaften von Funktionen

Nullstellen und Fixpunkte

Ziel Nullstellen und Fixpunkte von Funktionen aus verschiedenen Darstellungsformen ermitteln **FA-R 1.5**

87 FA-R 1.5

Ordne jeder Funktion die entsprechende Nullstelle (aus A bis F) zu!

$f(x) = 2x + 4$	
$f(x) = 4x + 2$	
$f(x) = 2x^2$	
$f(x) = \frac{2}{x}$	

A	$x = -1$
B	$x = \frac{1}{2}$
C	$x = -\frac{1}{2}$
D	$x = 0$
E	$x = -2$
F	keine Nullstellen

88 FA-R 1.5

Gegeben ist der Graph der Funktion f mit
$f(x) = -0{,}05x^3 - 0{,}1x^2 + 0{,}55x + 0{,}6$.
Gib alle Nullstellen der Funktion f im Intervall $[-3; 3]$ an.

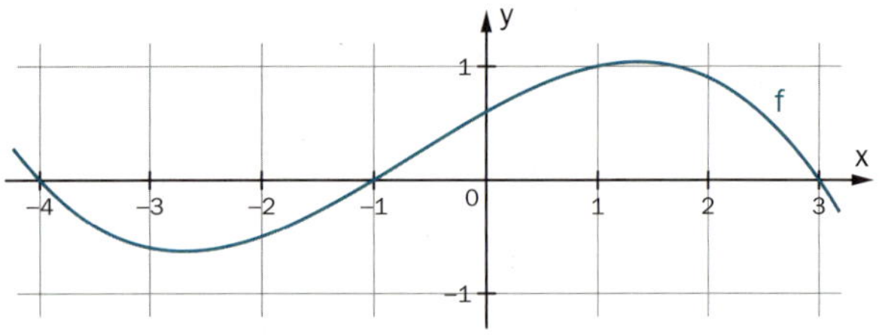

89 FA-R 1.5

Bestimme alle Nullpunkte der Funktion f mit $f(x) = 2x^2 - 2x - 4$!

90 FA-R 1.5

Eine Funktion f ist durch ihre Wertetabelle gegeben.
Gib die Nullstellen der Funktion f an!

x	–3	–2	–1	0	1	2	3
$f(x)$	$\frac{16}{3}$	2	0	$-\frac{2}{3}$	0	2	$\frac{16}{3}$

91 FA-R 1.5

Eine Funktion f ist durch ihren Graphen gegeben.
Lies die Koordinaten der Nullstellen von f ab und gib diese an!

92 FA-R 1.5

Eine Funktion f ist durch ihren Graphen gegeben.
Kreuze die beiden zutreffenden Aussagen an!

Die Funktion hat 4 Nullstellen.	☐
Die Funktion hat 3 Fixpunkte.	☐
Es gilt $f(2) = 0$.	☐
An der Stelle 0 liegt eine Nullstelle.	☐
Der Punkt $F = (-3 \mid 3)$ ist ein Fixpunkt.	☐

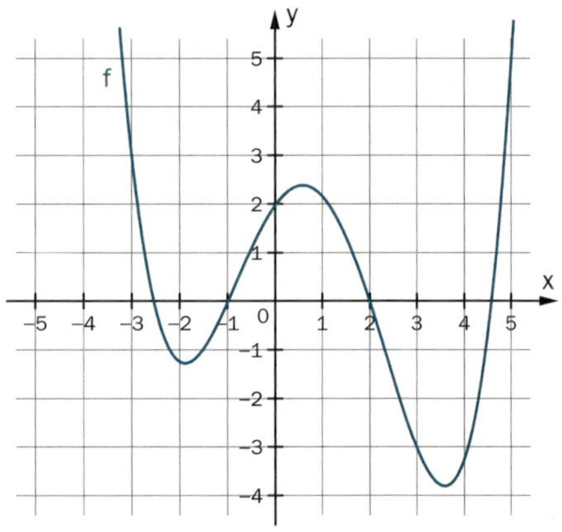

93 FA-R 1.5

Zeige rechnerisch, dass die Funktion f mit $f(x) = \frac{x}{3} - 2$ die Nullstelle $x = 6$ und den Fixpunkt $x = -3$ hat!

94 FA-R 1.5

Eine Funktion f ist durch ihren Graphen gegeben.
Kreuze die zutreffende(n) Aussage(n) an!

Die Funktion hat genau 1 Nullstelle.	☐
Die Funktion hat 4 Fixpunkte.	☐
Es gilt $f(1) = 3$.	☐
Der Punkt $N = (1\,|\,0)$ ist ein Nullpunkt.	☐
An der Stelle -3 liegt ein Fixpunkt.	☐

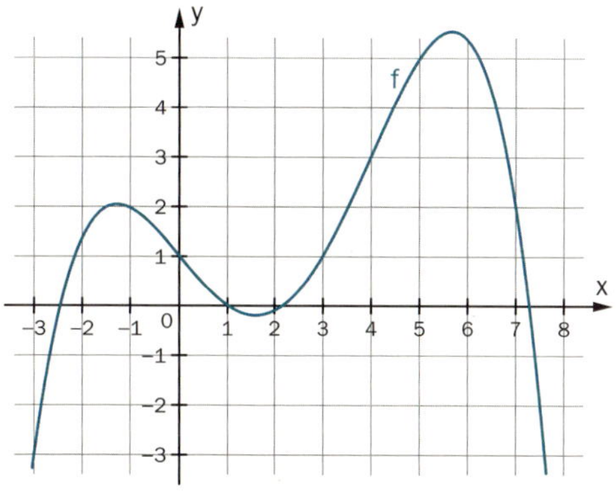

95 FA-R 1.5

Gegeben ist der Graph der Funktion f mit $f(x) = -0{,}1x^3 + 0{,}1x^2 + 1{,}2x$.
Kreuze die zutreffende(n) Aussage(n) an.

Die Funktion f besitzt drei Nullstellen.	☐
Es gilt: $f(2) = 2$	☐
Für die Nullstellen der Funktion gilt: $-x^3 + x^2 + 12x = 0$	☐
(0/0) ist Nullpunkt und Fixpunkt.	☐
Die Funktion f besitzt 3 Fixpunkte.	☐

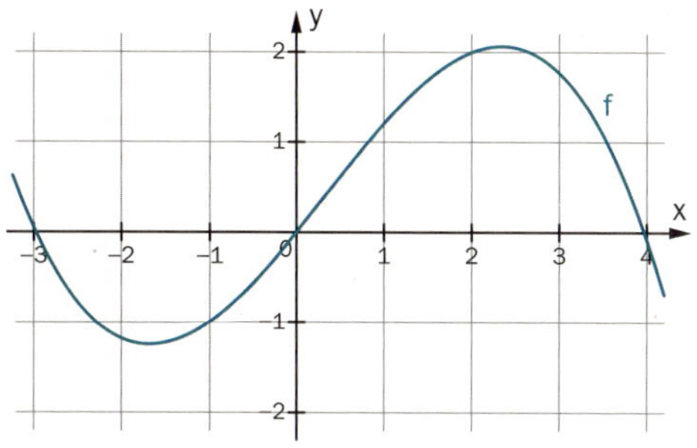

96 FA-R 1.5

Gegeben ist die Funktion f mit $f(x) = \frac{x}{2} - 3$.
Ergänze die Textlücken im folgenden Satz durch Ankreuzen der jeweils richtigen Satzteile so, dass eine mathematisch korrekte Aussage entsteht!

Die Funktion f hat ______ ① ______ , weil ______ ② ______ ist.

①	
eine Nullstelle	☐
keine Nullstelle	☐
einen Fixpunkt	☐

②	
$d \neq 0$	☐
$k \neq 0$	☐
$d < 0$	☐

97 FA-R 1.5

Der Graph einer reellen Funktion f hat an der Stelle $x_0 = 4$ einen Punkt mit der 1. Mediane gemeinsam.
Kreuze diejenige Gleichung an, die diesen geometrischen Sachverhalt korrekt beschreibt!

$f(0) = x_0$	☐
$f(0) = 4$	☐
$f(0) = 0$	☐
$f(x_0) = 0$	☐
$f(4) = x_0$	☐
$f(4) = 0$	☐

Monotonie und Extremstellen

Ziel Monotonie und Extrempunkte einer Funktion beschreiben und interpretieren **FA-R 1.5**

98 FA-R 1.5

Die Abbildung zeigt den Graphen einer reellen Funktion f.
Markiere jenen Bereich auf der x-Achse, für den gilt:
$x_1 < x_2 \Rightarrow f(x_1) > f(x_2)$

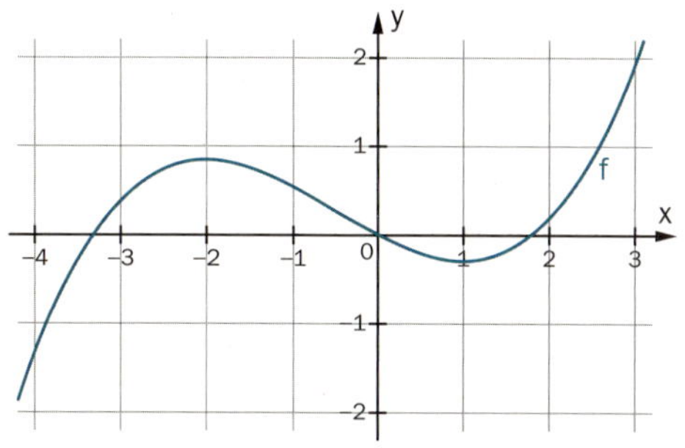

99 FA-R 1.5

Gegeben ist der Graph einer Funktion f.
Gib ein Intervall für alle Werte von x an, für die gilt:
$x_1 < x_2 \Rightarrow f(x_1) < f(x_2)$.

$x \in [\qquad\qquad\qquad]$

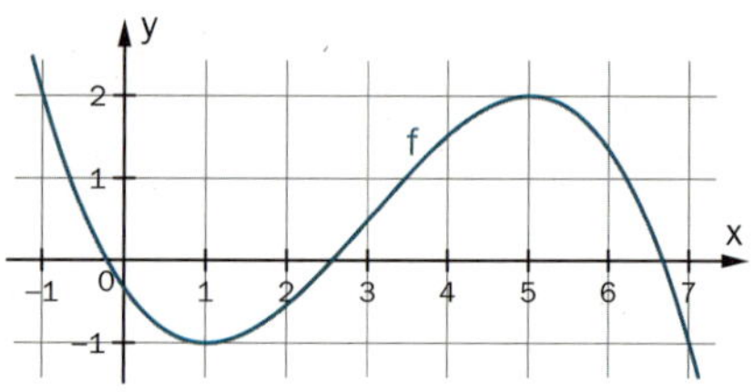

100 FA-R 1.5

Kreuze die beiden für eine reelle Funktion f mit $y = f(x)$ zutreffenden Aussagen an!

Ist eine Funktion f monoton fallend, so nehmen die y-Werte mit größer werdenden x-Werten immer weiter ab.	☐
Eine Funktion f ist genau dann streng monoton wachsend, wenn gilt: $f(x_1) \geq f(x_2)$ für alle $x_1 > x_2$	☐
Jede lineare Funktion f ist entweder streng monoton wachsend oder streng monoton fallend.	☐
Ist eine Funktion f im Intervall $(-\infty; x_1]$ streng monoton fallend und im Intervall $[x_1; \infty)$ streng monoton wachsend, so liegt an der Stelle x_1 ein Tiefpunkt vor.	☐
Eine Funktion kann auf einem Intervall sowohl monoton fallend als auch monoton steigend sein.	☐

101 FA-R 1.5

Beschreibe das Monotonieverhalten der Funktion $f\colon \mathbb{R} \to \mathbb{R}$ mit $f(x) = -3x + 2$.

102 FA-R 1.5

Gegeben ist der Graph einer reellen Funktion $f\colon [-3; 3] \to \mathbb{R}$.
Kreuze die zutreffende(n) Aussage(n) an!

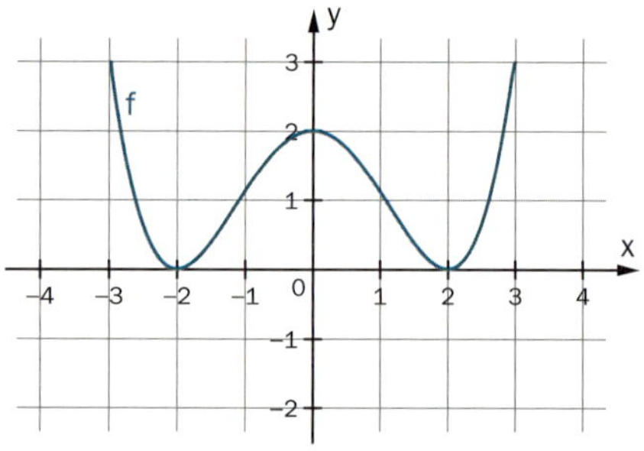

Die Funktion f hat zwei Nullstellen und drei lokale Extremstellen.	☐
$x = -2$ ist eine globale Extremstelle.	☐
$x = 0$ ist eine globale Extremstelle.	☐
Für alle $x \in [-3; 3]$ gilt: $f(x) \geq 0$	☐
Für alle $x_1, x_2 \in [-2; 0]$ mit $x_1 < x_2$ gilt: $f(x_1) > f(x_2)$	☐

103 FA-R 1.5

Gegeben ist der Graph einer reellen Funktion f.
Kreuze die zutreffende(n) Aussage(n) an!

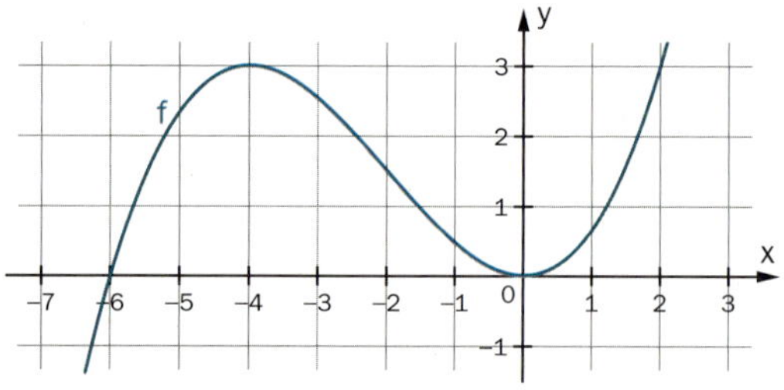

f hat an der Stelle $x = -6$ eine lokale Extremstelle.	☐
f besitzt keine globale Extremstelle.	☐
Die Funktion ist im Intervall [0; 1] streng monoton wachsend und im Intervall [–1; 0] streng monoton fallend.	☐
$f(-6) = f(0)$	☐
Der Punkt $(-4\,|\,3)$ ist ein Hochpunkt der Funktion f.	☐

104 FA-R 1.5

Gegeben ist der Graph der Funktion $g\colon [-2; 2{,}5] \to \mathbb{R}$.
Gib die Hoch- und Tiefpunkte der Funktion an!

Hochpunkt(e): ____________________

Tiefpunkt(e): ____________________

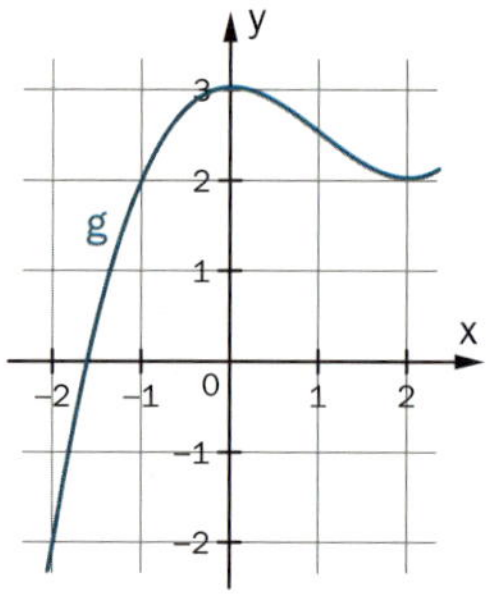

105 FA-R 1.5

Die Abbildung zeigt den Graphen einer auf dem Intervall [–5; 3] definierten Funktion f.
Kreuze die zutreffende Aussage an!

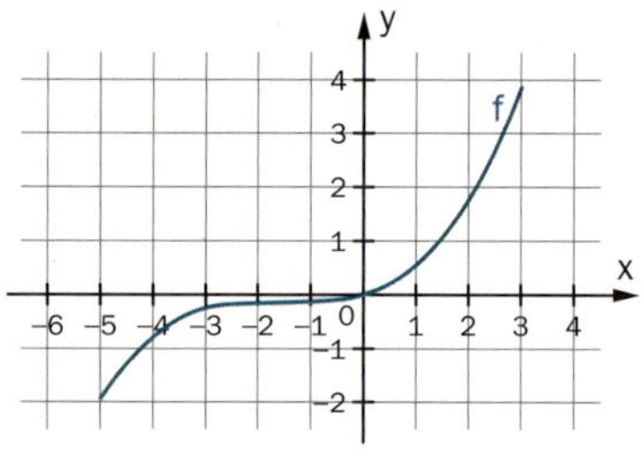

f hat ein globales Maximum am Rand des Definitionsbereichs.	☐
f hat ein lokales Maximum.	☐
$x = 3$ ist ein lokales Maximum.	☐
$x = 0$ ist die globale Maximumstelle.	☐
f ist in [–5; 3] monoton fallend.	☐
$(-5\,|\,f(-5))$ ist ein lokales Minimum.	☐

106 FA-R 1.5

Eine Funktion f mit $\mathbb{D}_f = [-6; 4]$ ist durch ihren Graphen gegeben.
Kreuze die zutreffende(n) Aussage(n) an!

Die Funktion hat ein lokales Minimum an der Stelle −3.	☐
2 ist eine lokale Extremstelle der Funktion.	☐
Die Funktion hat ein globales Maximum, das nicht gleichzeitig ein lokales Maximum ist.	☐
Die Funktion ist für $x > 0$ streng monoton fallend.	☐
Die Funktion hat zwei Nullstellen.	☐

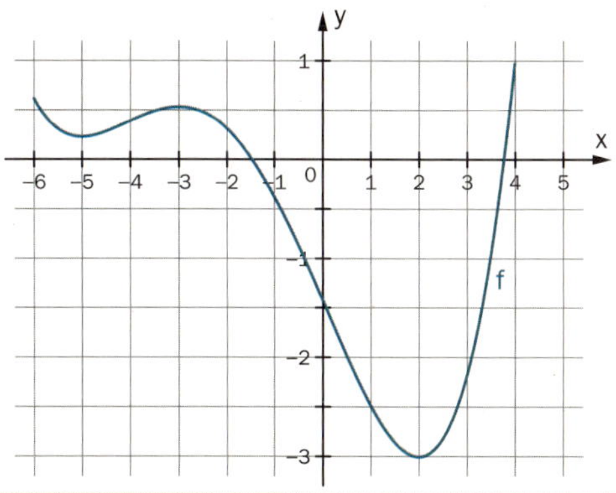

107 FA-R 1.5

Die Abbildung zeigt den Graphen einer auf dem Intervall $[-6; 4]$ definierten Funktion f.
Kreuze die zutreffende(n) Aussage(n) an.

f ist in $[-3; 2]$ streng monoton wachsend.	☐
$x = -6$ ist eine globale Maximumstelle.	☐
Das einzige lokale Minimum von f ist gleichzeitig das globale Minimum.	☐
f ist in $[-5; -3]$ streng monoton fallend.	☐
Die Funktion f besitzt 3 Nullstellen.	☐

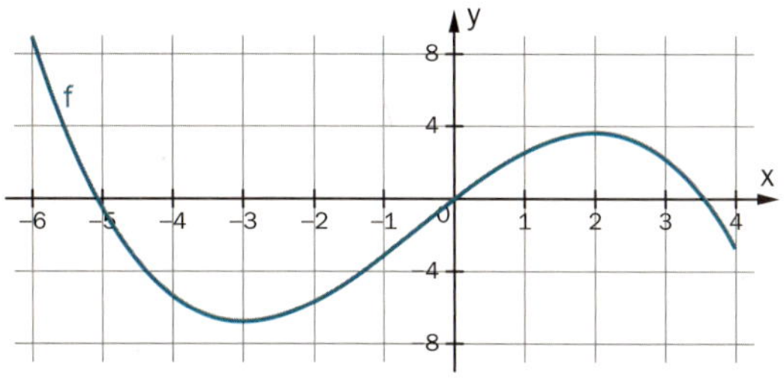

108 FA-R 1.5

Eine Funktion f hat folgende Eigenschaften:

- f ist für $x \leq 1$ streng monoton fallend.
- f ist im Intervall $[1; 4]$ streng monoton steigend.
- f ist für $x \geq 4$ streng monoton fallend.
- Der Punkt $(1 \mid -2)$ ist ein lokales Minimum.
- Die Stelle 4 ist eine Nullstelle.

Skizziere einen möglichen Funktionsgraphen von f im nebenstehenden Koordinatensystem.

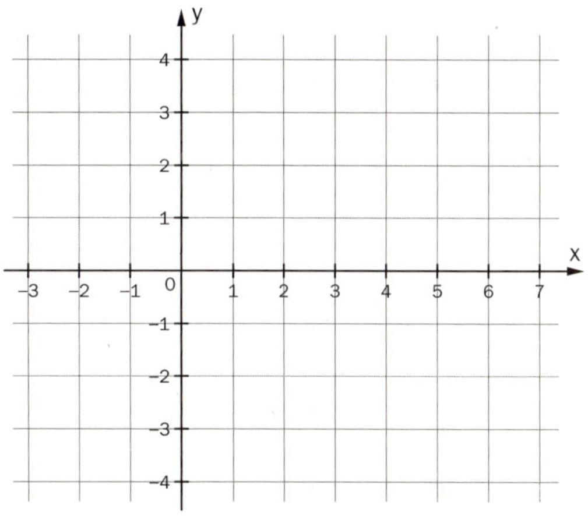

Symmetrie und Periodizität

Ziel Symmetrie und Periodizität einer Funktion beschreiben und interpretieren **FA-R 1.5**

109 FA-R 1.5

Kreuze die ungerade Funktion an!

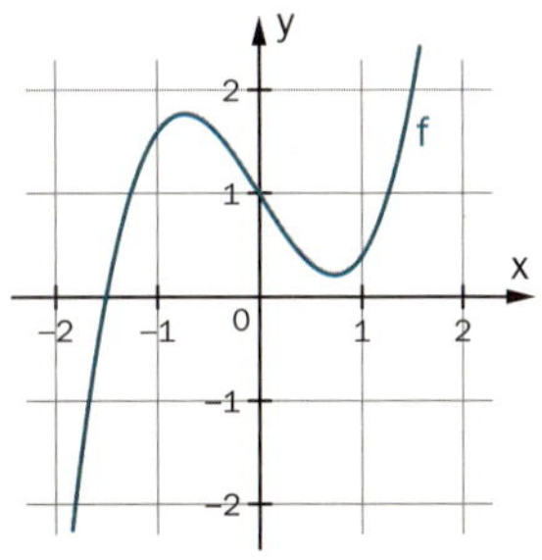	☐	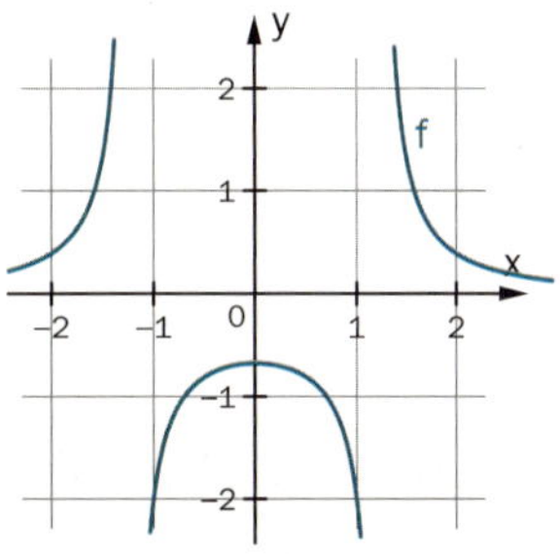	☐	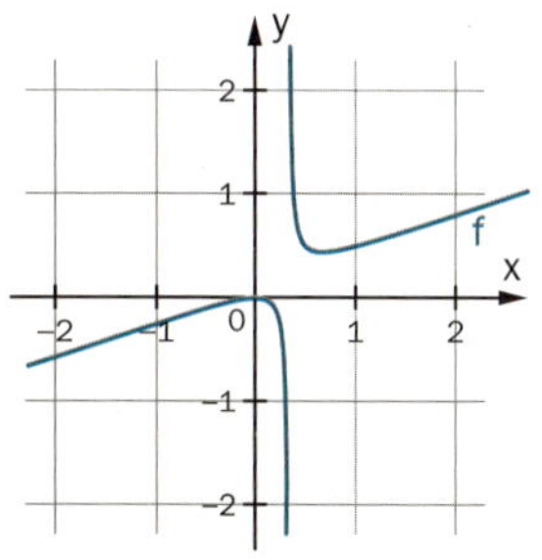	☐
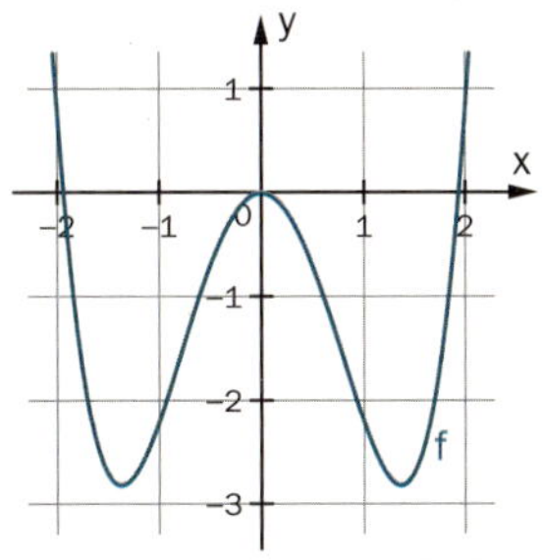	☐	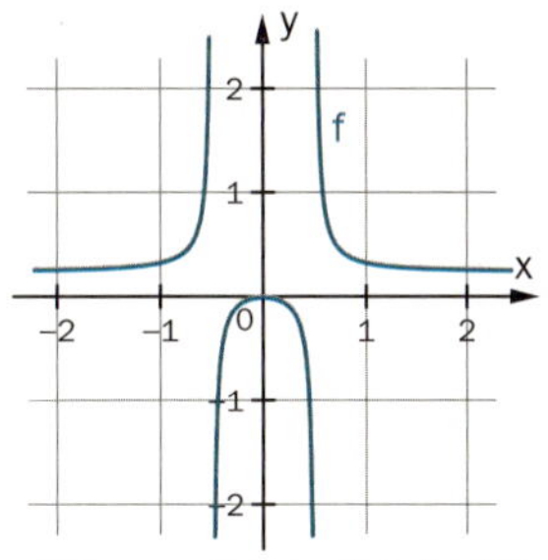	☐	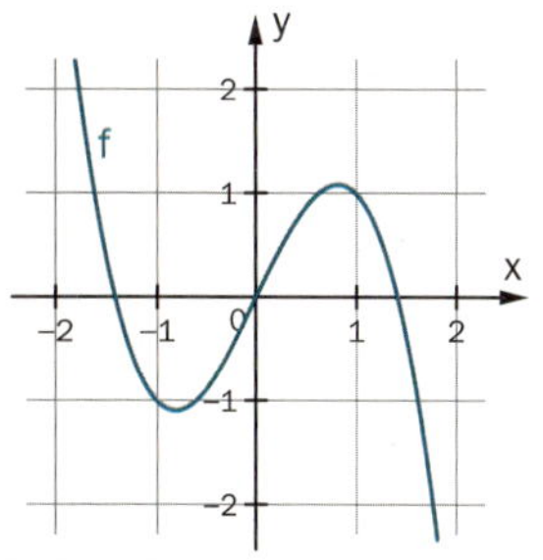	☐

110
FA-R 1.5

Entscheide, ob die Funktion $s\colon \mathbb{R} \to \mathbb{R}$ gerade oder ungerade ist und begründe deine Entscheidung.

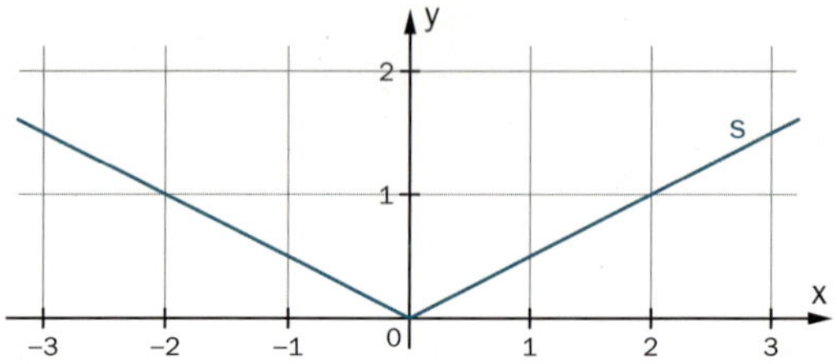

111
FA-R 1.5

Die Abbildung zeigt den Graphen einer reellen Funktion f.

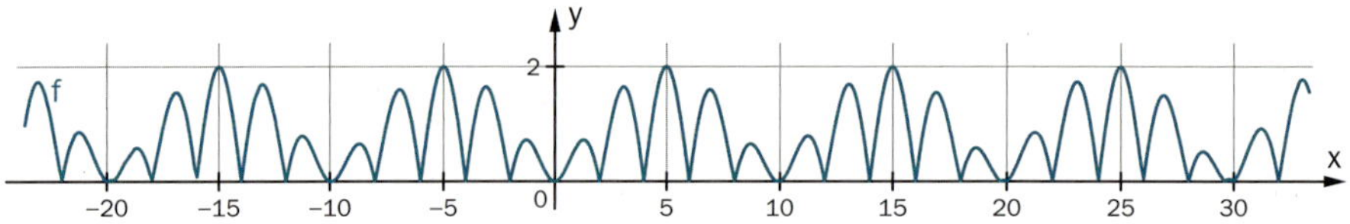

Kreuze die zutreffende(n) Aussage(n) an!

f ist symmetrisch zur Gerade $y = 0$.	☐
f ist eine gerade Funktion.	☐
Es gilt: $f(x) = f(x + 10)$	☐
Die Funktion ist periodisch.	☐
Es gilt: $f(-x) = -f(x)$	☐

112
FA-R 1.5

Gegeben ist der Graph der Funktion g.
Gib den kleinstmöglichen Wert für $c \in \mathbb{R}^+$ an, sodass gilt: $g(x) = g(x + c)$

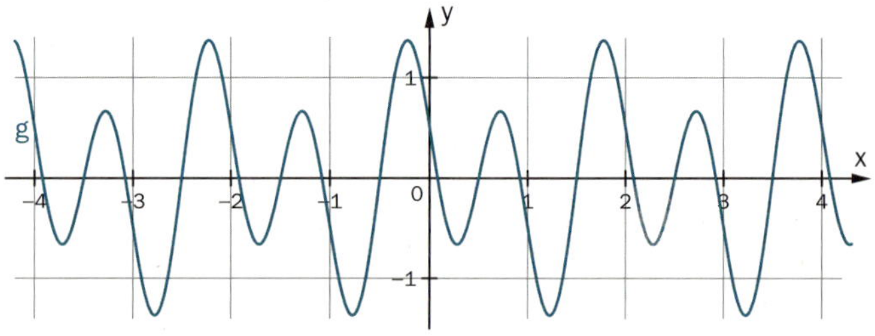

$c =$ ________________

113
FA-R 1.5

Die Abbildung zeigt den Graphen einer reellen Funktion f.
Kreuze die beiden zutreffenden Aussagen an.

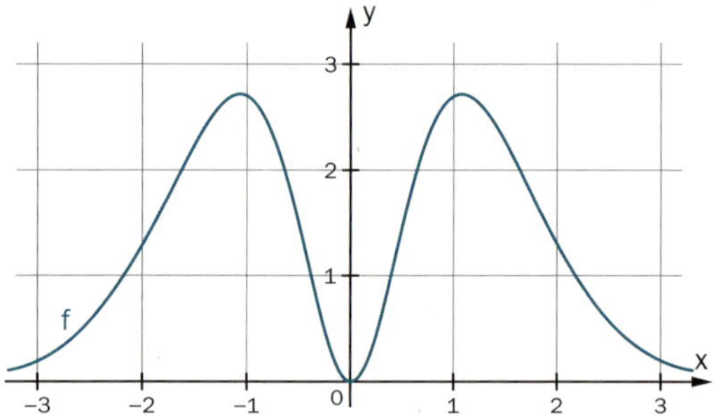

f ist eine ungerade Funktion.	☐
f ist in $[-1; 0]$ streng monoton wachsend.	☐
An der Stelle $x = 0$ ändert sich die Monotonie.	☐
Zu jedem $x \in [0; 1]$ gibt es genau ein $f(x)$.	☐
Zu jedem $f(x) \in [0; 1]$ gibt es genau ein x.	☐

114
FA-R 1.5

Gib an, zu welcher Gerade bzw. welchem Punkt die Funktion f mit $f(x) = x^2 - 6x + 9$ symmetrisch ist.

115
FA-R 1.5

Die Atemfrequenz und das Atemzugvolumen einer Person sind abhängig vom Alter. Je nach körperlicher Belastung gibt es dabei größere Schwankungen. Die Abbildung zeigt, wie viel Luft (in l) bei der Atmung einer erwachsenen Person in Ruhe in Abhängigkeit von der Zeit t (in s) durch die Lunge strömt.

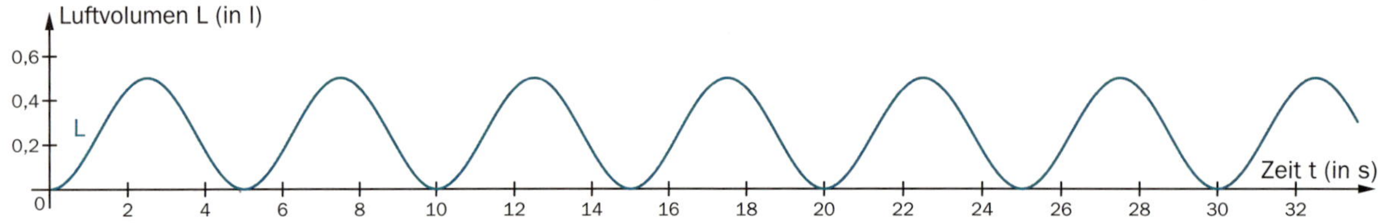

Die Atemfrequenz einer gesunden erwachsenen Person in Ruhe liegt bei 12 bis 16 Atemzügen pro Minute.
Bewerte die Atmung jener Person, deren Atmung in der Abbildung dargestellt ist, im Hinblick auf ihre Gesundheit.

3.2 Änderungsmaße bei Funktionen

Ziel Verschiedene Änderungsmaße angemessen verwenden **AN-R 1.1, 1.3**

116 AN-R 1.1

Die Bevölkerungszahlen einer Gemeinde in den Jahren 1990, 2000 und 2010 sind in der Tabelle festgehalten.

Jahr	1990	2000	2010
Einwohner	4500	4220	3970

Kreuze die zutreffende(n) Aussage(n) an!

Die Bevölkerung ist von 1990 bis 2010 um 530 Personen gesunken.	☐
Die Bevölkerungszahl der Gemeinde ging von 1990 bis 2010 um rund 12% pro Jahr zurück.	☐
Die Bevölkerung hat in den Jahren 2000 bis 2010 jährlich um 25% abgenommen.	☐
Die relative Bevölkerungsabnahme ist von 2000 bis 2010 größer als von 1990 bis 2000.	☐
Im Mittel nahm die Einwoherzahl von 2000 bis 2010 um 25 Personen pro Jahr ab.	☐

117 AN-R 1.1

Der Preis für Butter hat sich in den letzten Jahren aufgrund der großen Nachfrage stark erhöht. Kostete 1 kg Butter im Jahr 2015 noch *a* €, so belief sich der Preis im Jahr 2018 schon auf *b* €.

Gib jeweils einen Term für die absolute, relative und mittlere jährliche Preisänderung von 2015 bis 2018 an!

absolute Preisänderung: ____________________

relative Preisänderung: ____________________

mittlere jährliche Preisänderungsrate: ____________________

118 AN-R 1.1

1 m^3 Luft kann abhängig von der Temperatur unterschiedlich viel Wasserdampf aufnehmen. Erreicht die Wassermenge die Sättigungsmenge, kann kein weiterer Wasserdampf mehr aufgenommen werden.
Die Abhängigkeit der Sättigungsmenge von der Temperatur ist in der nebenstehenden Abbildung dargestellt.

Ermittle die absolute und relative Änderung der Sättigungsmenge, wenn sich die Temperatur von 5 °C auf 25 °C erhöht.

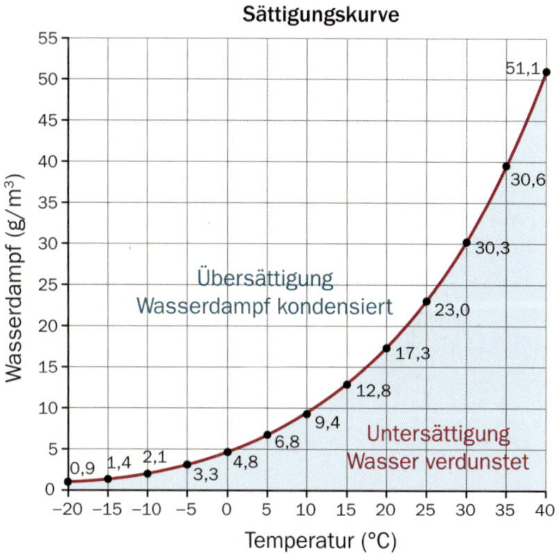

absolute Änderung: ____________________

relative Änderung: ____________________

119 AN-R 1.1

In der Tabelle ist die Gesamtenergieproduktion (in TJ) in Österreich der Jahre 2015 und 2016, aufgeschlüsselt nach einigen Energieträgern, angegeben.

Daten nach: Statistik Austria

	Erdöl	Naturgas	Abfallverbrennung	Brennholz	Wasserkraft	Wind/Photovoltaik
2015	37147	43437	31834	47339	133400	20799
2016	33661	40804	34304	50413	143441	22793

Kreuze jenen Energieträger an, bei dem die relative Änderung der produzierten Energie von 2015 auf 2016 am größten ist!

Erdöl	☐
Naturgas	☐
Abfallverbrennung	☐
Brennholz	☐
Wasserkraft	☐
Wind/Photovoltaik	☐

120 AN-R 1.3

Gegeben ist ein Ausschnitt aus dem Graphen der Funktion f.
Kreuze die zutreffende(n) Aussage(n) an!

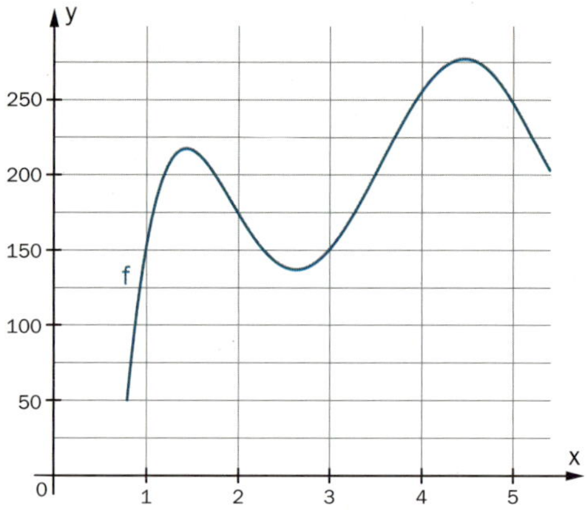

Im Intervall [1; 3] ist der Differenzenquotient 0.	☐
Im Intervall [4; 5] ist der Differenzenquotient positiv.	☐
Im Intervall [1; 2] ist der Differenzenquotient kleiner als im Intervall [2; 3].	☐
Im Intervall [2; 3] ist der Differenzenquotient positiv.	☐
Im Intervall [1; 2] ist der Differenzenquotient größer als im Intervall [2; 5].	☐

121 AN-R 1.3

Die Berechnung des Differenzenquotienten $\frac{f(x_2) - f(x_1)}{x_2 - x_1}$ kann mithilfe der nebenstehenden Darstellung veranschaulicht werden.
Beschrifte diese Abbildung vollständig auf Basis der gegebenen Notation!

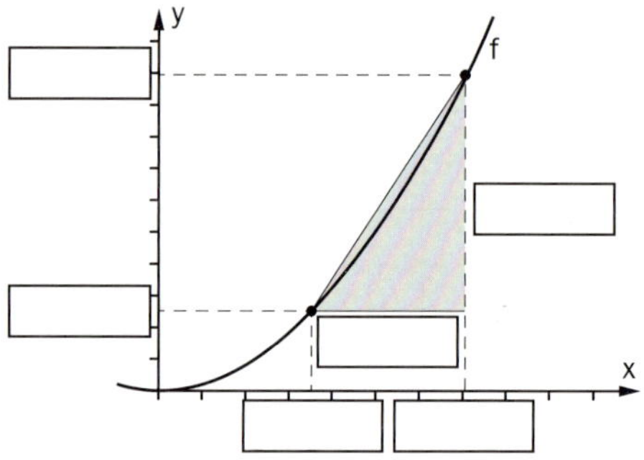

122 AN-R 1.1

Gegeben ist der Graph einer reellen Funktion f.
Kreuze die zutreffende(n) Aussage(n) an!

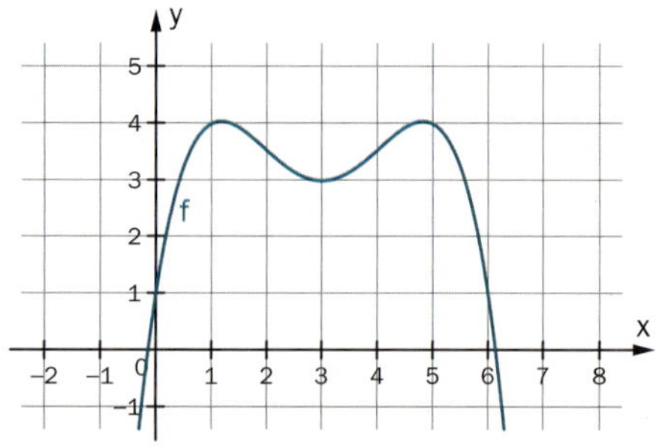

Im Intervall [1; 3] ist die relative Änderung negativ.	☐
Im Intervall [1; 5] ist die absolute Änderung 0.	☐
Im Intervall [1; 3] ist die absolute Änderung gleich groß wie im Intervall [3; 5].	☐
Im Intervall [0; 1] ist die relative Änderung gleich 3.	☐
Im Intervall [3; 5] ist die relative Änderung positiv.	☐

123 AN-R 1.1

Gegeben ist der Graph einer reellen Funktion f.
Kreuze die zutreffende(n) Aussage(n) an!

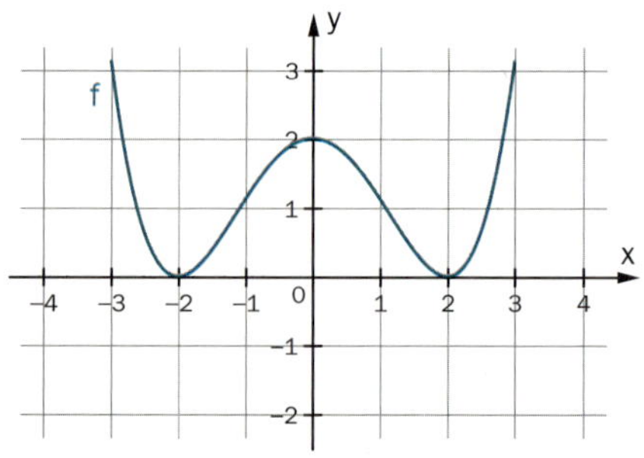

Die absolute Änderung im Intervall [2; 3] ist 3.	☐
Die absolute Änderung im Intervall [–2; 0] ist gleich groß wie die absolute Änderung im Intervall [0; 2].	☐
Die absolute Änderung im Intervall [0; 3] ist 1.	☐
Sowohl die absolute als auch die relative Änderung im Intervall [–3; 3] sind 0.	☐
Die relative Änderung im Intervall [0; 2] ist –1.	☐

124 AN-R 1.3

Berechne den Differenzenquotienten der Funktion f mit $f(x) = 2x^2 - x + 1$ im Intervall [–1; 2]!

125 AN-R 1.3

Gegeben ist die Funktion h mit der Termdarstellung $h(x) = \frac{x}{x^2 + 1}$.
Berechne die mittlere Änderungsrate von h im Intervall [0,5; 1]!

3.3 Potenzfunktion

Ziel Potenzfunktionen darstellen und ihre Eigenschaften beschreiben **FA-R 3.1–3.4**

126
FA-R 3.1

Kreuze die beiden Funktionsgraphen an, die eine Potenzfunktion darstellen!

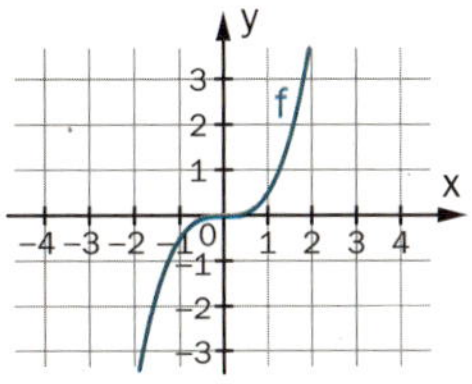	☐
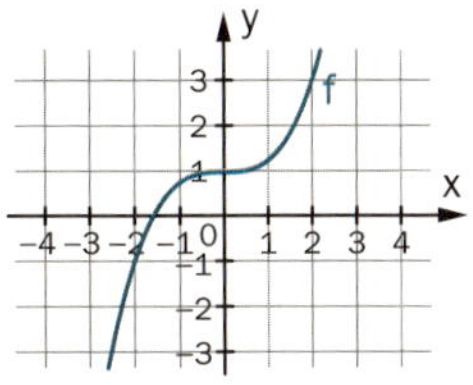	☐
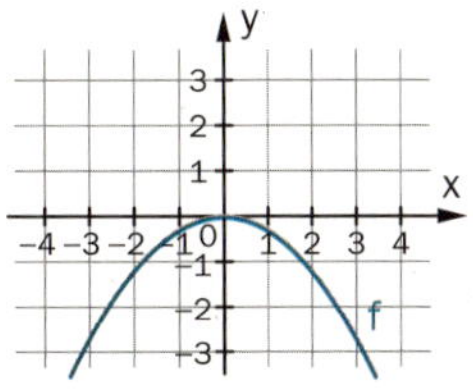	☐
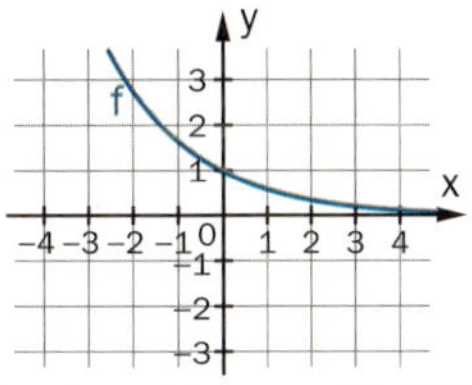	☐
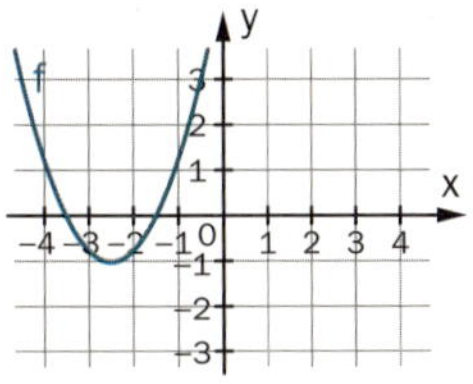	☐

127
FA-R 3.1

Kreuze jene(n) Graphen an, der/die sicher keine Potenzfunktion f mit $f(x) = a \cdot x^z$ mit $a \in \mathbb{R}, z \in \mathbb{Z}$ oder $z = \frac{1}{2}$ darstellt/darstellen!

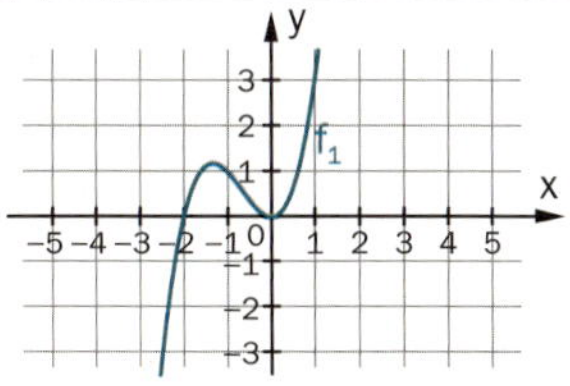	☐
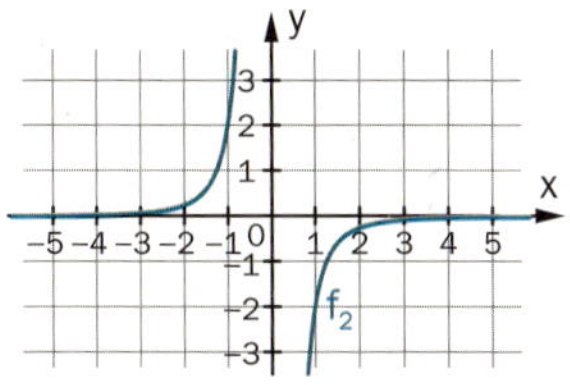	☐
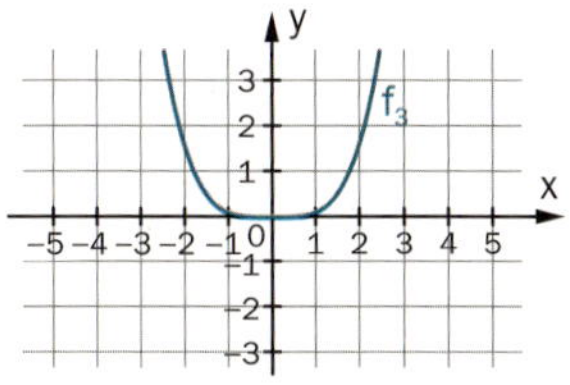	☐
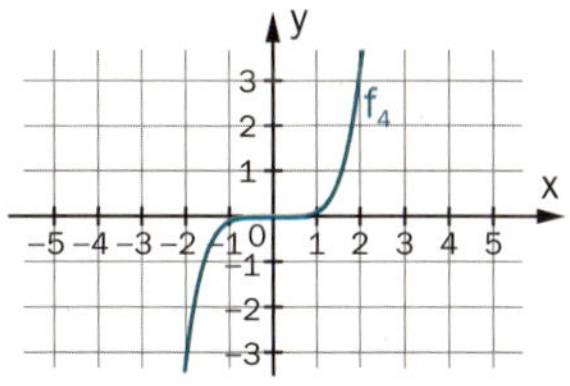	☐
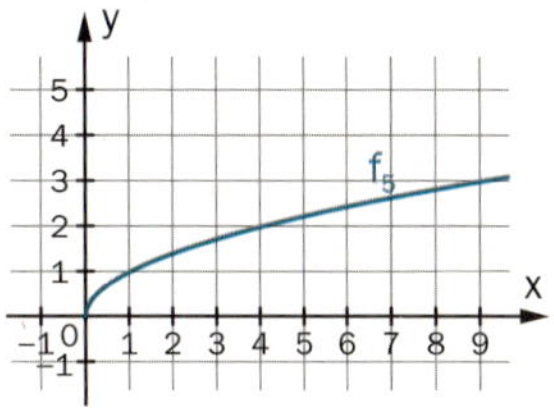	☐

128
FA-R 3.2

Eine Potenzfunktion f mit $f(x) = a \cdot x^z$ und $a \in \mathbb{R}^+, z \in \mathbb{Z}$ ist durch ihren Graphen gegeben.

Begründe anhand des Graphen, dass der Exponent z ungerade und negativ ist.

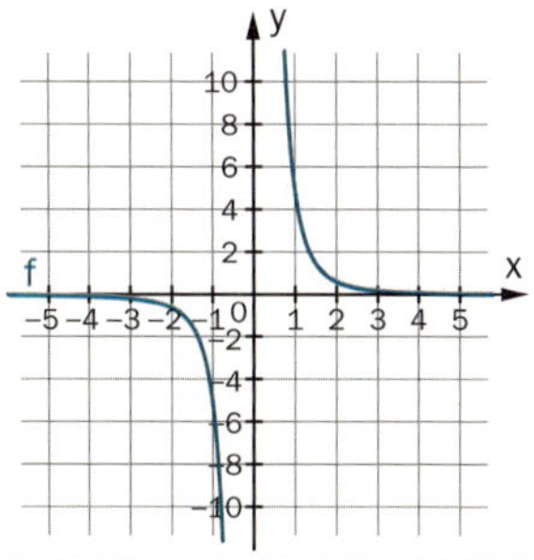

129
FA-R 3.3

Gegeben ist eine Potenzfunktion f mit $f(x) = x^c$ und $c \in \mathbb{Z}, c \neq \pm 1$. Der Verlauf ihres Graphen hängt vom Wert des Parameters c ab.

Skizziere in jedem Koordinatensystem den Graphen einer jeweils passenden Potenzfunktion.

$c > 0$ und gerade

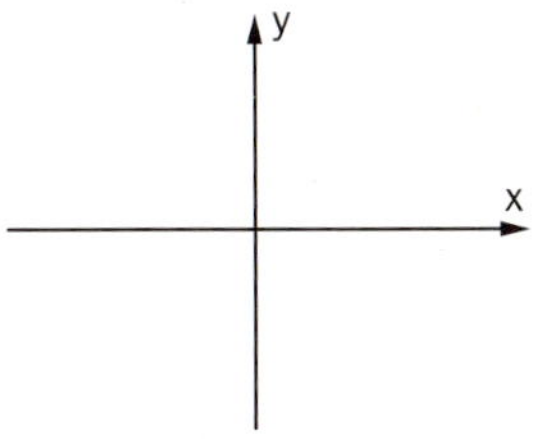

$c < 0$ und ungerade

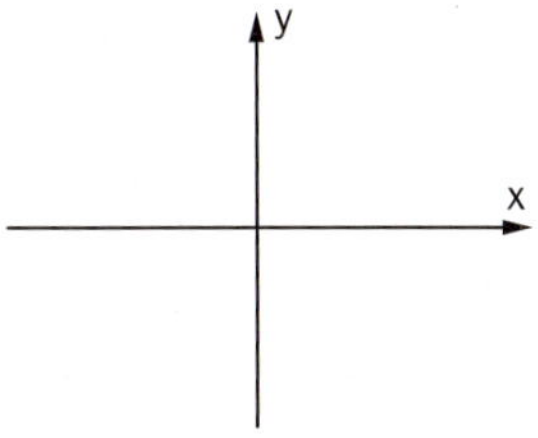

$c > 0$ und ungerade

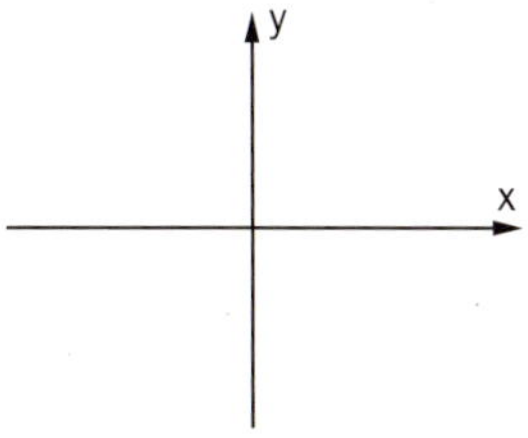

130 FA-R 3.3

Eine Potenzfunktion f mit $f(x) = a \cdot x^z$, $a \in \mathbb{R}$, $z \in \mathbb{Z}$ ist gegeben.
Kreuze die beiden zutreffenden Aussagen an!

Ist a ungerade, so ist die Funktion ungerade.	☐
Ist $z < 0$ und $a > 0$, so gilt für alle $x \in \mathbb{D}_f$: $f(x) < 0$	☐
Ist $z \in \mathbb{Z}_g^+$, so ist der Graph von f symmetrisch zur y-Achse.	☐
Ist a negativ, so besitzt die Funktion genau eine Nullstelle.	☐
Ist $z = 0$, so ist die Funktion linear.	☐

131 FA-R 3.2

Eine Potenzfunktion f mit $f(x) = a \cdot x^z$ ($a \in \mathbb{Z}$, $z \in \{-3; -2; -1; 1; 2; 3\}$) ist durch ihren Graphen gegeben.
Gib die Termdarstellung von f an!

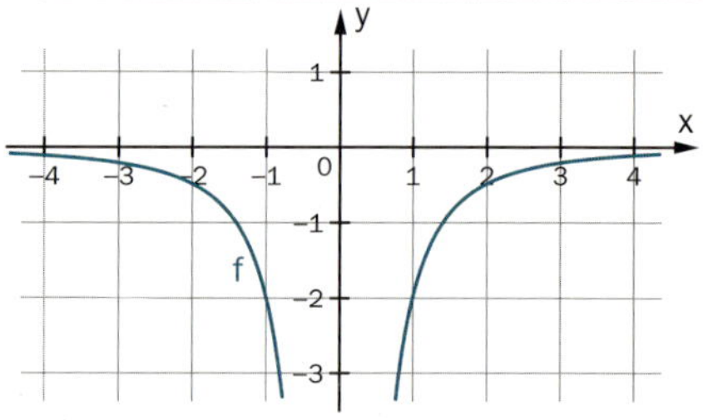

$f(x) =$ ________________

132 FA-R 3.2

Eine Potenzfunktion f mit $f(x) = a \cdot x^b$ und $a, b \in \mathbb{Z}$ ist durch ihren Graphen gegeben. Jeder mit einem Kreuz gekennzeichnete Punkt liegt genau in einem Gitterpunkt des Koordinatengitters.
Gib die Werte der Parameter a und b an!

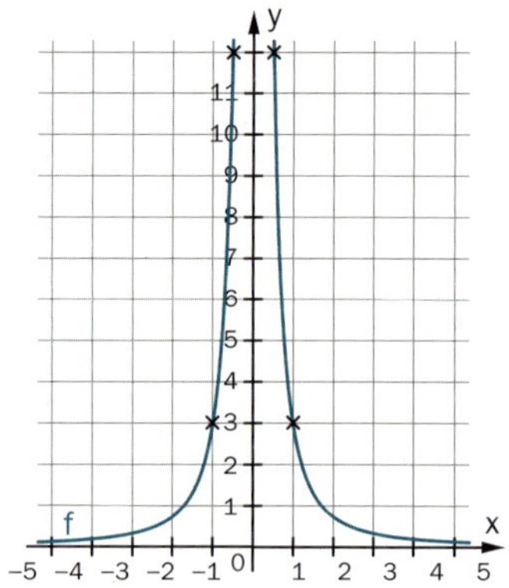

$a =$ ________________

$b =$ ________________

133 FA-R 3.3

Gegeben ist eine Potenzfunktion f mit $f(x) = x^z$, wobei $z \in \mathbb{Z}^-$.
Kreuze die zutreffende(n) Aussage(n) an!

Die Funktion ist an der Stelle $x = 0$ nicht definiert.	☐
Der Graph von f verläuft durch den Punkt $(1\|1)$.	☐
Die Funktion hat eine globale Extremstelle.	☐
f hat die beiden Koordinatenachsen als Asymptoten.	☐
Die Funktion f hat keine Nullstellen.	☐

134 FA-R 3.3

Kreuze die beiden Eigenschaften an, die Potenzfunktionen der Form $f: \mathbb{R} \to \mathbb{R}$, $y = ax^{2n}$ mit $a \in \mathbb{R}$, $n \in \mathbb{N}^*$ besitzen!

Der Graph liegt symmetrisch zur y-Achse.	☐
Die x-Achse ist eine Asymptote.	☐
Der Graph der Funktion verläuft durch den Punkt $(1\|1)$.	☐
Der Graph der Funktion verläuft durch den Punkt $(0\|0)$.	☐
Für alle $x \in \mathbb{R}$ ist $f(x) \geq 0$.	☐

135 FA-R 3.2

Für den Widerstand R (in Ohm) eines Leiters in Abhängigkeit von der Querschnittsfläche A (in m^2) des Leiters gilt:
$R(A) = \rho \cdot \frac{l}{A}$, wobei ρ der spezifische Widerstand (in Ohm $\cdot$ m) und l die Länge (in m) ist.
Kreuze die beiden zutreffenden Aussagen an!

R besitzt eine globale Extremstelle.	☐
Der Graph der Funktion R verläuft durch den Punkt $(1\|\rho \cdot A)$.	☐
Die Funktion R ist eine gerade Funktion.	☐
Es gilt: $R(-A) = -R(A)$	☐
Der Graph besitzt eine waagrechte Asymptote.	☐

3.4 Polynomfunktion

Ziel Polynomfunktionen darstellen und ihre Eigenschaften beschreiben **FA-R 4.1–4.4**

136
FA-R 4.1

Polynomfunktionen haben abhängig von ihrem Grad unterschiedliche Monotonieverläufe.
Skizziere die Graphen von drei verschiedenen Polynomfunktionen dritten Grades, die sich in ihrem Monotonieverhalten unterscheiden, in die Koordinatensysteme!

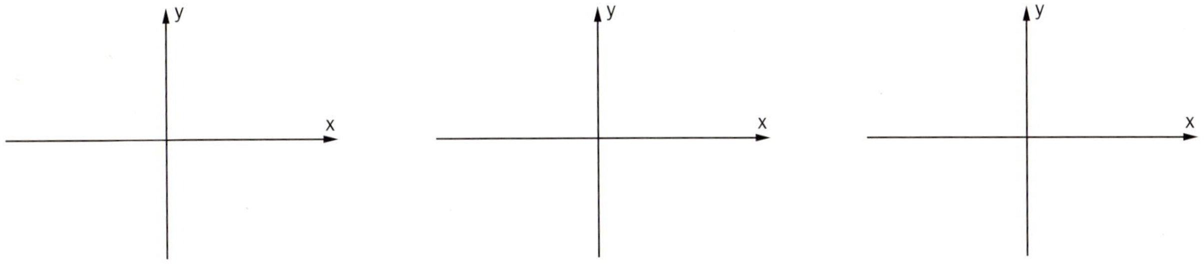

137
FA-R 4.4

Kreuze die zutreffende(n) Aussage(n) an!

Jede quadratische Funktion hat einen Hoch- oder Tiefpunkt.	☐
Jede Polynomfunktion dritten Grades hat eine Nullstelle.	☐
Jede Polynomfunktion vierten Grades hat vier Nullstellen.	☐
Eine Polynomfunktion dritten Grades kann zwei Extremstellen haben.	☐
Eine Polynomfunktion vierten Grades kann zwei Extremstellen haben.	☐

138
FA-R 4.1

Gegeben sind Graphen von fünf Polynomfunktionen f mit $f(x) = a_n x^n + a_{n-1} x^{n-1} + \dots + a_0$ mit $a_0, a_1, \dots, a_n \in \mathbb{R}$, $a_n \neq 0$.
Kreuze die Funktion(en) mit $a_n > 0$ an!

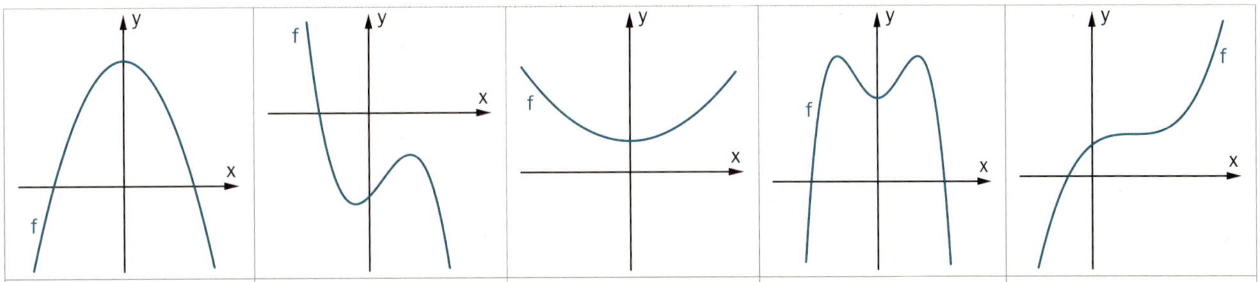

☐	☐	☐	☐	☐

139
FA-R 4.1

Skizziere in das vorgegebene Koordinatensystem eine Polynomfunktion f mit $f(x) = a_4 x^4 + a_3 x^3 + a_2 x^2 + a_1 x + a_0$ mit $a_0, a_1, \dots, a_4 \in \mathbb{R}$, $a_4 \neq 0$, die folgende Eigenschaften besitzt:

- Die Funktion besitzt zwei Nullstellen.
- Die Funktion besitzt genau eine lokale Extremstelle.
- Die Funktion ist für $x > 0$ monoton steigend.

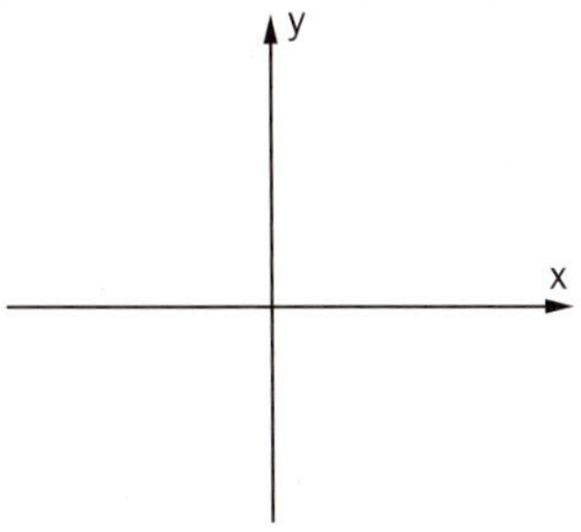

140
FA-R 4.1

Gegeben ist die Funktion f mit $f(x) = a_3 x^3 + a_2 x^2 + a_1 x + a_0$ mit $a_3, a_2, a_1, a_0 \in \mathbb{R}$, $a_3 < 0$. Es gilt $f(-x) = -f(x)$.
Welche der folgenden Abbildungen zeigt den Graphen der Funktion bzw. einen Ausschnitt davon?
Kreuze die zutreffende(n) Darstellung(en) an!

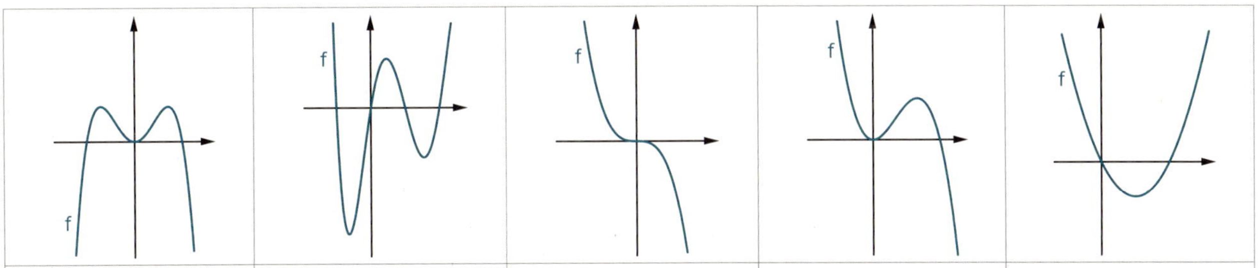

☐	☐	☐	☐	☐

141 FA-R 4.3

Eine Funktion f ist durch $f(x) = (x - 2)(x + 3)(x + 1)$ gegeben.
Kennzeichne im gegebenen Koordinatensystem alle Nullpunkte des Funktionsgraphen.

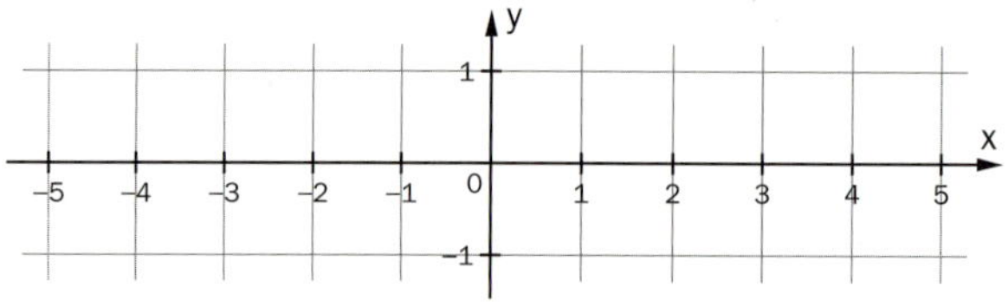

142 FA-R 4.2

Eine quadratische Funktion f hat die Nullstellen $x_1 = 5$ und $x_2 = 3$.
Gib einen möglichen Funktionsterm von f an!

$f(x) =$ ______________________

143 FA-R 4.2

Eine Polynomfunktion f dritten Grades hat die Nullstellen $x_1 = -3$ und $x_2 = 2$ und ist von $-\infty$ bis zur ersten Extremstelle streng monoton fallend. Gib einen möglichen Funktionsterm an!

$f(x) =$ ______________________

144 FA-R 4.3

Ordne jeder Funktion die entsprechenden Nullstellen (aus A bis F) zu.

$f(x) = (x - 1)^2(x + 1)$	
$f(x) = 2(x + 1)(x - 1)x$	
$f(x) = 2(x - 1)(x + 1)(x - 2)$	
$f(x) = -(x - 2)(x - 1)^2$	

A	Nullstellen: $x_1 = -1,\ x_2 = 2$
B	Nullstellen: $x_1 = -1,\ x_2 = 0,\ x_3 = 1$
C	Nullstellen: $x_1 = -1,\ x_2 = 1$
D	Nullstellen: $x_1 = 1,\ x_2 = 2$
E	Nullstellen: $x_1 = -1,\ x_2 = 1,\ x_3 = 2$
F	Nullstellen: $x_1 = -2,\ x_2 = -1$

145 AN-R 4.4

Gegeben ist die Funktion f mit $f(x) = -(x - 2)^3(x + 1)$. Kreuze die zutreffende(n) Aussage(n) an!

f besitzt ein lokales Extremum.	☐
f besitzt vier verschiedene Nullstellen.	☐
f besitzt zwei verschiedene Nullstellen.	☐
f besitzt vier lokale Extremstellen.	☐
f besitzt ein lokales Maximum und ein lokales Minimum.	☐

146 FA-R 4.3

Gegeben ist der Graph der Funktion f.
Kreuze die zutreffende Termdarstellung von f an!

$f(x) = (x - 2)(x + 1)^2$	☐
$f(x) = (x - 2)^2(x + 1)$	☐
$f(x) = -(x - 1)^3(x + 2)$	☐
$f(x) = -(x - 2)^2(x + 1)$	☐
$f(x) = (x - 2)^2(x + 1)^2$	☐
$f(x) = -(x - 1)^2(x + 2)$	☐

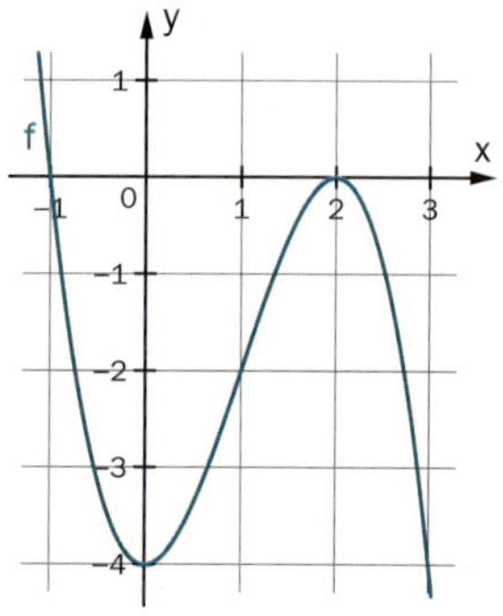

147 FA-R 4.3

Für jeden Fixpunkt einer Funktion f gilt: $x = f(x)$
Eine quadratische Funktion f ist grafisch und durch ihre Termdarstellung gegeben:
$f(x) = x^2 + 4x + 3$
Die Abbildung illustriert, dass f keinen Fixpunkt F hat.
Weise dies rechnerisch nach.

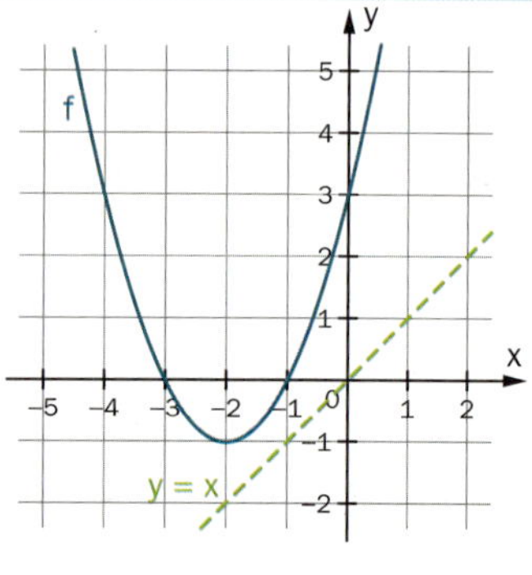

3.5 Exponentialfunktion

Ziel Exponentialfunktionen darstellen und ihre Eigenschaften beschreiben **FA-R 5.1- 5.4**

148
FA-R 5.1

Eine Exponentialfunktion *f* mit $f(x) = c \cdot a^x$ und $a, c \in \mathbb{Q}^+$ ist durch ihren Graphen gegeben. Jeder mit einem Kreuz gekennzeichnete Punkt liegt genau in einem Gitterpunkt des Koordinatengitters.
Gib die Werte der Parameter *a* und *c* an!

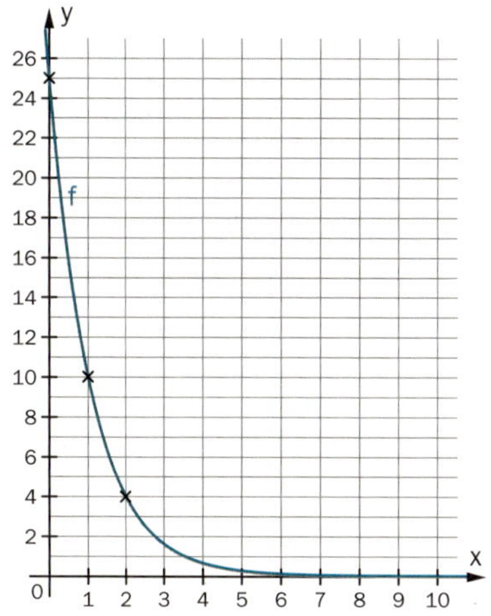

a = ____________________

c = ____________________

149
FA-R 5.2

Von einer Exponentialfunktion *f* ist die Termdarstellung bekannt: $f(x) = b \cdot d^x$ mit $b, d \in \mathbb{R}^+$
Gib den Schnittpunkt der Funktion mit der *y*-Achse an!

Schnittpunkt mit der *y*-Achse: (____|____)

150
FA-R 5.4

Gegeben ist die Exponentialfunktion *f* mit $f(x) = 20 \cdot 0{,}8^x$.
Kreuze die zutreffende(n) Aussage(n) an!

Die Funktion ist streng monoton fallend und hat die *y*-Achse als Asymptote.	☐
Der Funktionswert an der Stelle 0 ist 20.	☐
Bei einer Erhöhung des Arguments um 1 verringert sich der Funktionswert um 20%.	☐
Für die Funktion *f* gilt: $f(x + 1) = 0{,}8 \cdot f(x)$	☐
Für alle $x \in \mathbb{R}$ gilt: $f(x) > 0$.	☐

151
FA-R 5.4

Von einer Funktion *f* ist folgende Eigenschaft bekannt: $f(x + 1) = f(x) \cdot 2$ für alle $x \in \mathbb{D}_f$
Entscheide, ob *f* eine Exponentialfunktion ist, und begründe deine Entscheidung!

152
FA-R 5.1

Eine Exponentialfunktion *f* mit $f(x) = c \cdot a^x$ und $a, c \in \mathbb{Q}$ ist durch ihre Wertetabelle gegeben.
Gib die Termdarstellung der Funktion *f* an.

x	*f*(*x*)
−5	−97,2
−3	−10,8
−1	−1,2

$f(x) =$ ____________________

153
FA-R 5.3

Gib die Exponentialfunktion *f* mit $f(x) = 2 \cdot 0{,}5^x$ in der Form $f(x) = a \cdot e^{\lambda x}$ an.

$f(x) =$ ____________________

154
FA-R 5.3

Gegeben sind die Graphen zweier Exponentialfunktionen $f(x) = a \cdot b^x$ und $g(x) = c \cdot d^x$ mit $a, c \in \mathbb{R}^*$, $b, d \in \mathbb{R}^+$.
Kreuze die beiden zutreffenden Aussagen an!

$a < c$	☐
$a = c$	☐
$d = -b$	☐
$d = \frac{1}{b}$	☐
$d = b$	☐

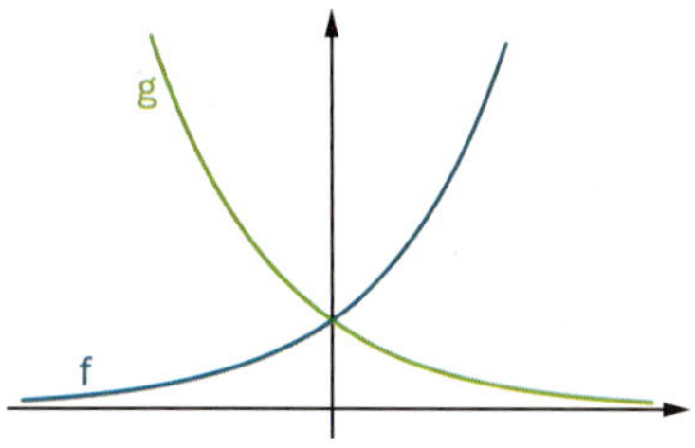

155 FA-R 5.3

Skizziere den Graphen einer Exponentialfunktion f mit $f(x) = c \cdot e^{-\lambda x}$ wobei $c \in \mathbb{R}^+$, $\lambda \in \mathbb{R}^+$ ist.

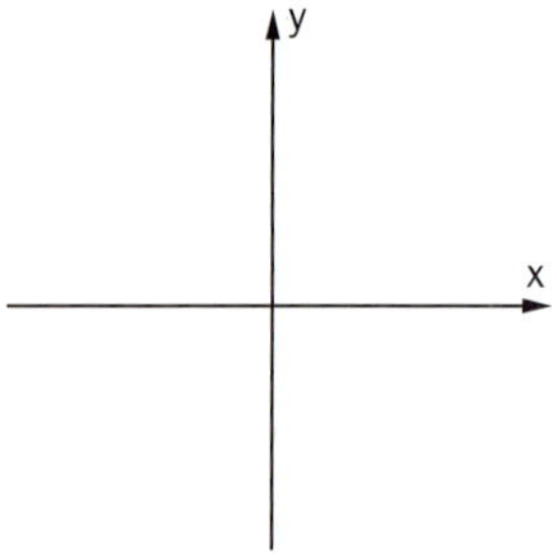

156 FA-R 5.3

Gegeben ist der Graph einer Exponentialfunktion f mit $f(x) = c \cdot e^{dx}$. Skizziere in das gleiche Koordinatensystem den Graphen der Funktion g mit $g(x) = a \cdot e^{bx}$ mit: $a = c$, $b < 0$, $|b| < |d|$

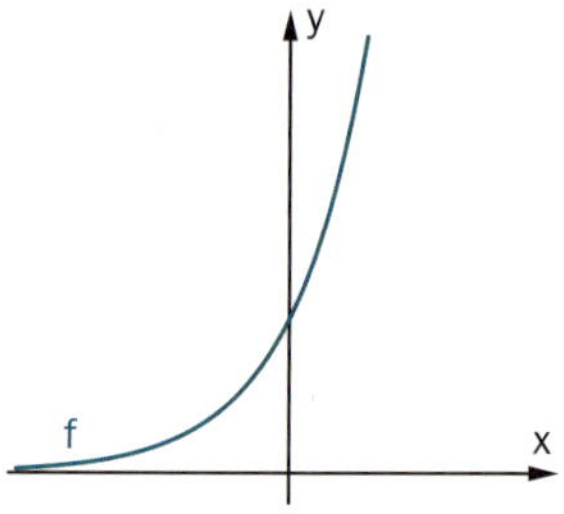

157 FA-R 5.3

Kreuze die beiden auf die Funktion f mit $f(x) = n \cdot e^{mx}$ ($n \in \mathbb{R}^+$, $m \in \mathbb{R}$) zutreffenden Aussagen an!

Für $m < 0$ ist f auf $\mathbb{R}$ streng monoton fallend.	☐
f besitzt genau eine Nullstelle.	☐
Der Punkt $(1 \mid n \cdot e^m)$ liegt auf dem Graphen von f.	☐
Der Graph von f schneidet die y-Achse im Punkt $(0 \mid m)$.	☐
Für $m \neq 0$ ist f streng monoton steigend.	☐

158 FA-R 5.3

Kreuze die auf die Funktion f mit $f(x) = 2 \cdot 0{,}9^x$ zutreffende(n) Aussage(n) an!

Wenn das Argument um 1 erhöht wird, nimmt der Funktionswert um das 0,9-Fache ab.	☐
Wenn das Argument um 1 erhöht wird, nimmt der Funktionswert um das 0,1-Fache ab.	☐
Wenn das Argument um 1 erhöht wird, nimmt der Funktionswert auf das 0,9-Fache ab.	☐
Wenn das Argument um 2 erhöht wird, nimmt der Funktionswert auf das 0,81-Fache ab.	☐
Wenn das Argument um 2 erhöht wird, nimmt der Funktionswert auf das 0,19-Fache ab.	☐

159 FA-R 5.3

Gegeben ist eine Exponentialfunktion f mit $f(x) = 3 \cdot 1{,}2^x$.
Gib an, um wie viel Prozent sich der Funktionswert ändert, wenn sich der Wert von x um drei erhöht.

160 FA-R 5.3

Gegeben ist eine Exponentialfunktion f mit $f(x) = 2 \cdot e^{0{,}1x}$.
Gib an, wie sich der Funktionswert ändert, wenn der Wert von x um zwei erhöht wird.

161 FA-R 5.1

Der Funktionswert der Funktion f mit $f(x) = a^x$ verkleinert sich bei Erhöhung der Arguments um 4 auf ein Sechzehntel des Ausgangswertes.
Gib den Funktionsterm von f an!

$f(x) =$ ______________________

162 FA-R 5.1

Kreuze die Funktionsgleichung(en) an, die eine exponentielle Zunahme beschreibt/beschreiben!

$y = 0{,}9 \cdot 1{,}2^x$	☐
$y = 1{,}2 \cdot x^3$	☐
$y = 1 + e \cdot x$	☐
$y = e^{-2x}$	☐
$y = 2 \cdot e^{0{,}02x}$	☐

163 FA-R 5.1

Kreuze die Termdarstellung(en) an, die eine exponentielle Abnahme beschreibt/beschreiben!

$f(x) = 5 \cdot 0{,}23^x$	☐
$f(x) = 0{,}3 \cdot e^{0{,}16x}$	☐
$f(x) = 2 \cdot 1{,}05^x$	☐
$f(x) = 1{,}4 \cdot e^{-1{,}4x}$	☐
$f(x) = 2{,}8 \cdot 0{,}92^x$	☐

164 FA-R 5.1

Begründe, warum die Funktion f mit $f(x) = 2x^{\frac{1}{2}}$ keine exponentielle Zunahme beschreibt.

Kontinuierliche exponentielle Wachstums- und Zerfallsprozesse

Ziel Kontinuierliche exponentielle Prozesse beschreiben **FA-R 5.3, 5.5–5.6**

165 FA-R 5.6
Anfang 2011 lebten etwa 8,402 Millionen Menschen in Österreich.
Gib die Termdarstellung einer Funktion an, welche die Bevölkerungsentwicklung ab dem Jahr 2011 modelliert. Nimm an, dass die Bevölkerung pro Jahr um ca. 0,3 % des Vorjahreswertes wächst.

166 FA-R 5.3
Ergänze die Textlücken im folgenden Satz durch Ankreuzen der jeweils richtigen Satzteile so, dass eine mathematisch korrekte Aussage entsteht!

Wenn die Anzahl $H(t)$ der Hefezellen zur Zeit t ______ ① ______, dann kann sie durch die Termdarstellung ______ ② ______ (Zeit t in Wochen) beschrieben werden.

①	
sich jede Woche verdreifacht	☐
jede Woche um 300 steigt	☐
jede Woche um 30 % steigt	☐

②	
$H(t) = H_0 \cdot 0{,}3^t$	☐
$H(t) = H_0 \cdot 1{,}3^t$	☐
$H(t) = H_0 \cdot 300^t$	☐

167 FA-R 5.3
Aufzeichnungen der letzten zehn Jahre stützen eine Berechnungsvorschrift für die Bevölkerungszahl N einer österreichischen Kleinstadt. Es gilt: $N(t) = 1700 \cdot e^{0{,}03299t}$ (t in Jahren, 2010 ≙ 0).
Kreuze die zutreffende(n) Aussagen an!

Im Jahr 2010 lebten 1 700 Personen in der Kleinstadt.	☐
Die Bevölkerung nimmt jährlich um etwa 3,3 % ab.	☐
Die absolute Bevölkerungsveränderung ist in gleich großen Zeitintervallen gleich groß.	☐
Die Anzahl der Einwohnerinnen und Einwohner nimmt laut Modell jedes Jahr um gleich viel Prozent zu.	☐
Auf Basis des Modells hat die Kleinstadt im Jahr 2060 knapp 8850 Einwohnerinnen und Einwohner.	☐

168 FA-R 5.3
Der Luftdruck p hängt von der Höhe h über dem Meeresspiegel ab.
Es gilt: $p(h) = p_0 \cdot e^{-0{,}13h}$ (p in bar, h in km, $p_0 = 1{,}013$ bar auf Meeresspiegelniveau).
Interpretiere die Bedeutung des negativen Vorzeichens der Hochzahl im gegebenen Kontext!

169 FA-R 5.3
Wenn Licht von oben in einen See eindringt, nimmt seine Intensität I exponentiell mit zunehmender Tiefe s (in m) ab. Dabei gilt folgender Zusammenhang: $I(s) = 0{,}89^s$
Interpretiere den Wert 0,89 im gegebenen Kontext!

170 FA-R 5.3
Ein von P_0 Personen in die Welt gesetztes Gerücht breitet sich rasant aus. Die Anzahl P der von diesem Gerücht informierten Personen erhöht sich täglich um ein Drittel und hängt als Funktion von der Zeit t (in Tagen) ab.
Kreuze die beiden richtigen Termdarstellungen der Funktion P an.

$P(t) = P_0 \cdot \left(\frac{1}{3}\right)^t$	☐
$P(t) = P_0 \cdot \left(\frac{2}{3}\right)^t$	☐
$\frac{P(t)}{P_0} = \left(\frac{4}{3}\right)^t$	☐
$P(t) = P_0 \cdot \frac{1}{3} + P(t-1)$	☐
$P(t) = P_0 \cdot \left(\frac{4}{3}\right)^t$	☐

171 FA-R 5.6
Zuckerwürfel lösen sich im Tee annähernd exponentiell auf. Von 40 g Zucker im Tee sind nach fünf Minuten 32,9 g aufgelöst.
Berechne, wie lang man mit dem Trinken des Tees warten müsste, wenn 99 % des Zuckers aufgelöst sein sollen.

172 FA-R 5.6

Die Leistung P eines Laserstrahles (in Milliwatt mW) in einem Glasfaserkabel wird in Abhängigkeit von der durchlaufenen Strecke x (in km) schwächer. Es gilt: $P(x) = P_0 \cdot e^{-\lambda x}$
Ein Laser erzeugt Strahlen mit einer Anfangsleistung von 20 mW, nach 5 km hat er nur noch eine Leistung von 2 mW.

Berechne, um wie viel Prozent die Leistung in einem 2 km langen Kabel abfällt.

173 FA-R 5.5

Ein Mischwald in einem Nationalpark, in dem nicht abgeholzt werden darf, verzeichnet eine jährliche Wachstumsrate von 1,7 %. Im Jahr 2018 verfügte dieser Wald über 72 560 Festmeter Holz.

Berechne, innerhalb welchen Zeitraumes sich der Holzbestand verdoppelt.

174 FA-R 5.5

Eine Bakterienart vermehrt sich sehr rasch nach dem Wachtumsgesetz: $N(t) = N_0 \cdot a^t$

Zeige, dass die Verdopplungszeit T unabhängig von der Anfangsmenge N_0 ist.

175 FA-R 5.5

Von zwei radioaktiven Substanzen A und B ist jeweils das Zerfallsgesetz bekannt. Die entsprechenden Funktionen sind in der Abbildung grafisch dargestellt.

Entscheide, ob folgende Aussage richtig ist, und begründe deine Entscheidung.

Die Halbwertszeit von Substanz B ist genau doppelt so lang wie die von Substanz A.

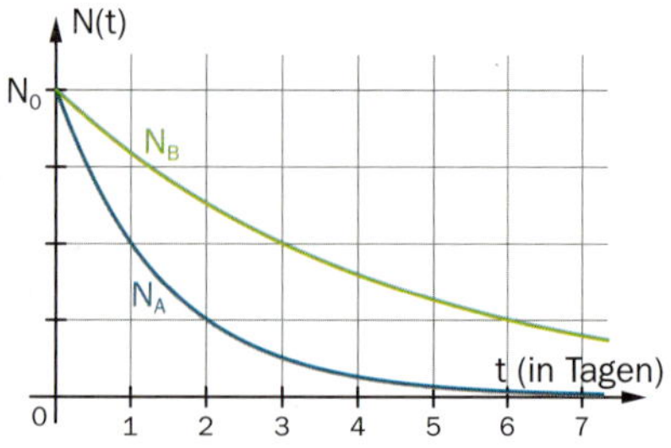

176 FA-R 5.5

Bei PET-Untersuchung wird häufig die mit Fluor-18 markierte Desoxyglucose (FDG) eingesetzt, um Zuckerstoffwechsel von Organgen und Geweben darstellen zu können. FDG hat eine Halbwertszeit von 110 Minuten.

Berechne, wie viel Prozent der radioaktiven Substanz 14 Stunden nach der Untersuchung noch vorhanden sind.

177 FA-R 5.5

In Kernreaktoren entsteht bei der Spaltung von Uran-235 häufig Cäsium-137. Für diesen ebenfalls radioaktiven Stoff gilt folgendes Zerfallsgesetz: $N(t) = N_0 \cdot e^{-0{,}022974716t}$ (t in Jahren)

Berechne die Halbwertszeit von Cäesium-137.

178 FA-R 5.5

Für ein radioaktives Element gilt folgendes Zerfallsgesetz: $N(t) = N_0 \cdot a^t = N_0 \cdot e^{-\lambda t}$

Kreuze die beiden Gleichungen an, die für die Berechnung der Halbwertszeit τ zielführend sind!

$\frac{N_0}{2} = N_0 \cdot a^{\lambda\tau}$	☐
$1 = 2 \cdot a^{\tau}$	☐
$\tau = -\frac{\ln a}{\ln 2}$	☐
$\frac{1}{2} = e^{-\lambda\tau}$	☐
$N(t) - N(0) = e^{-\lambda\tau}$	☐

Training: Vergleich lineares und exponentielles Modell

Ziel Funktionen als mathematische Modelle verständig einsetzen **FA-R 1.7, 2.5, 5.6**

179 FA-R 2.5

Kreuze die beiden Kontexte an, in denen ein lineares Modell sinnvoll ist.

Der Luftdruck hängt von der Höhe über dem Meeresspiegel ab: Er sinkt pro 1 000 m um etwa 12 %.	☐
Die Taxigebühr hängt von der gefahrenen Strecke ab: Die Grundtaxe beträgt 3,80 €. Für jeden weiteren Kilometer kommen 8,20 € dazu.	☐
In einer Großstadt leben ca. 7 Millionen Menschen. Jedes Jahr wächst die Einwohnerzahl um ca. 0,5 %.	☐
In den ersten 3 Lebensmonaten nimmt ein Säugling wöchentlich etwa 150 g zu, im zweiten Vierteljahr ca. 130 g pro Woche.	☐
Die Geschwindigkeit eines LKWs verringert sich beim Bremsen jede Sekunde um 6 m/s.	☐

180 FA-R 5.6

Die von einem Schimmelpilz befallene Fläche (in cm^2) wird täglich vermessen, um die Wachstumsgeschwindigkeit dieser Schimmelpilzkultur zu untersuchen.

Entscheide, ob dieses Wachstum durch ein exponentielles Modell beschrieben werden kann, und begründe deine Entscheidung!

Tag	Fläche (in cm^2)
0	20,0
1	22,4
2	25,1
3	28,1
4	31,5

181 FA-R 5.6

Auf einem Teich sind A_0 m^2 mit Wasserlinsen bedeckt. Diese Fläche wächst pro Woche um 10 %.

Modelliere das Wachstum der von Wasserlinsen bedeckten Fläche passend durch eine Funktion A. Gib dazu den passenden Funktionsterm an.

$A(t)$ = ________________________ (mit t in Tagen)

182 FA-R 5.6

Ergänze die Textlücken im folgenden Satz durch Ankreuzen der jeweils richtigen Satzteile so, dass eine mathematisch korrekte Aussage entsteht!

Ein Wachstumsprozess kann durch ein exponentielles Modell der Form $N(t) = N_0 \cdot a^t$ beschrieben werden, wenn die ______ ① ______ pro Zeitintervall konstant ist und ______ ② ______(mit $c \in \mathbb{R}^+$) ist.

①	
relative Änderung	☐
mittlere Änderung	☐
absolute Änderung	☐

②	
$N(t + c) = N(t) + a^c$	☐
$N(t + c) = N(t) \cdot a^c$	☐
$N(t + c) = N(t) + a \cdot c$	☐

183 FA-R 1.7

In einem Gehege wächst eine Tierpopulation von 200 Tieren in einem Zeitraum von 5 Jahren um 50 Tiere an.

Modelliere dieses Wachstum sowohl linear als auch exponentiell. Gib dazu jeweils den entsprechenden Funktionsterm an.

lineares Modell: ________________________ exponentielles Modell: ________________________

184 FA-R 5.5

Um die Bevölkerungsentwicklung einer Region zu prognostizieren, werden zwei verschiedene Modelle gegenübergestellt. Sie sehen unterschiedliche Zeitpunkte voraus, zu denen die Bevölkerung auf 50 % des Ausgangswertes gesunken ist.

Kennzeichne im Diagramm, um wie viele Jahre sich die beiden Prognosen unterscheiden.

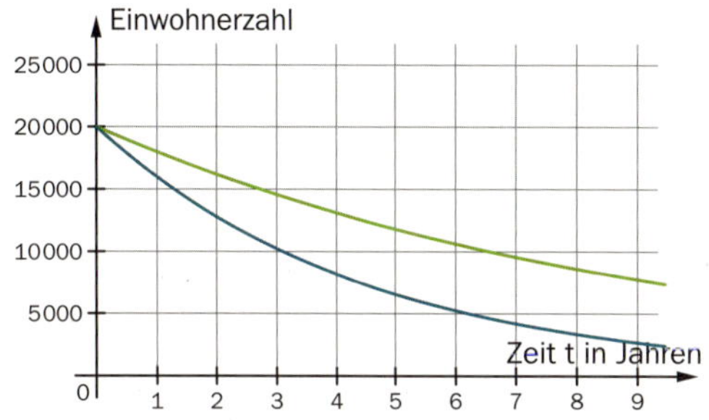

3.6 Logarithmusfunktion

Zu diesem Abschnitt gibt es keine Reifeprüfungs- und Lehrplan-Grundkompetenzen.

3.7 Winkelfunktionen

Ziel Winkelfunktionen darstellen und ihre Eigenschaften beschreiben **FA-R 6.1–6.5**

185
FA-R 6.1

Unten ist eine periodische Funktion grafisch dargestellt. Ergänze die Koordinatenachsen (inkl. Skalierung) so, dass sich aus dem Graphen die Sinusfunktion ergibt.

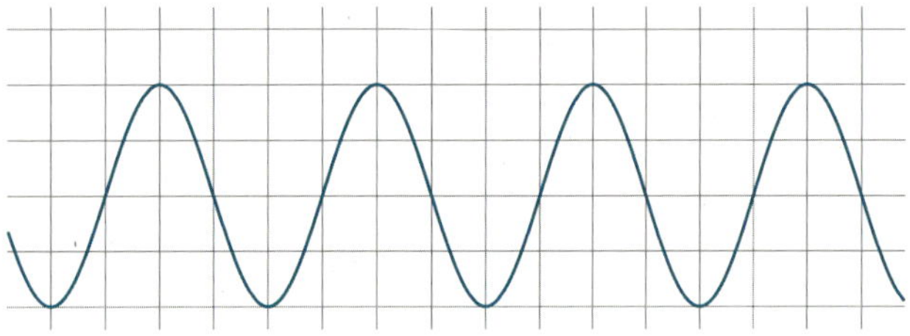

186
FA-R 6.2

Kreuze die auf die Sinusfunktion f mit $f(x) = \sin(x)$ zutreffende(n) Aussage(n) an!

Für die Wertemenge gilt: $\mathbb{W}_f = [-1; 1]$	☐
f ist auf $[0; \pi]$ streng monoton fallend.	☐
Die Nullpunkte von f sind in $(k \cdot \pi \mid 0)$ mit $k \in \mathbb{Z}$.	☐
f besitzt auf $[0; 2\pi]$ genau zwei lokale Extremstellen.	☐
Es gilt: $f(x + 2\pi) = f(x)$	☐

187
FA-R 6.2

Kreuze die auf die Cosinusfunktion f mit $f(x) = \cos(x)$ zutreffende(n) Aussage(n) an!

Es gilt: $f(-x) = f(x)$	☐
Für alle $x \in \mathbb{R}$ gilt: $-1 \leq f(x) \leq 1$	☐
Die kleinste Periode von f ist 2π.	☐
Es gilt: $f(k\pi) = 0$ mit $k \in \mathbb{Z}$	☐
f besitzt die Tiefpunkte $(k \cdot \pi \mid -1)$ mit $k \in \mathbb{Z}$.	☐

188
FA-R 6.2

Kreuze die auf Funktionen f und g mit $f(x) = \sin(x)$ und $g(x) = \cos(x)$ zutreffende(n) Aussage(n) an!

$f(0) = 0$	☐
$g(\pi) = 0$	☐
$f\left(\frac{\pi}{2}\right) = 1$	☐
$g(2\pi) = g\left(\frac{\pi}{2}\right)$	☐
$g(\pi) = f\left(\frac{3\pi}{2}\right)$	☐

189
FA-R 6.4

Gib den Funktionswert der Sinusfunktion an der Stelle $2k\pi + \frac{3\pi}{2}$ $(k \in \mathbb{Z})$ an.

$\sin\left(2k\pi + \frac{3\pi}{2}\right) =$ ____________________

190
FA-R 6.4

Ordne jeder Funktion f die entsprechende kleinste Periode (aus A bis F) zu.

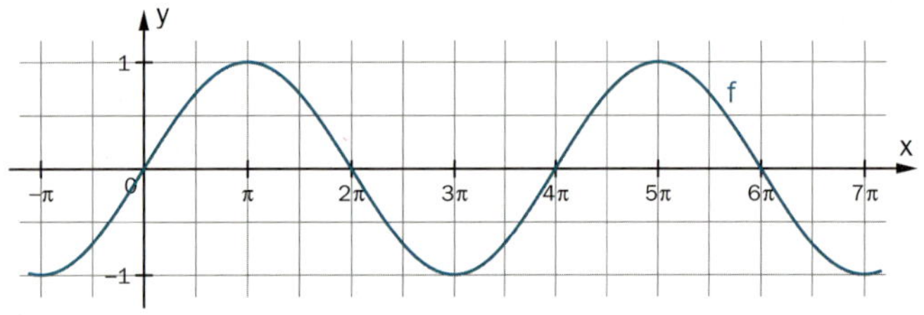	
$f(x) = \sin(x)$	
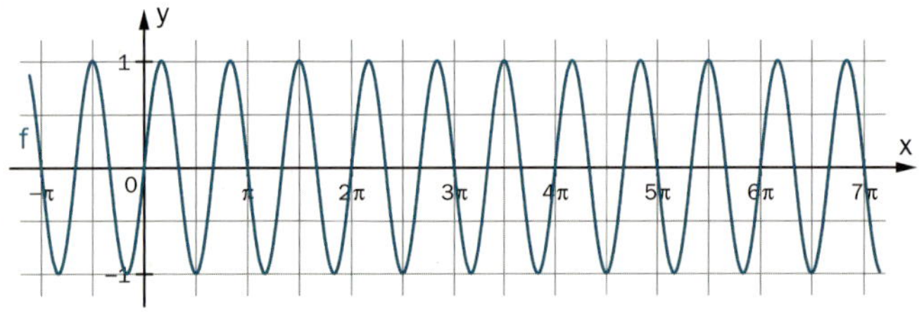	
$f(x) = \sin\left(\frac{x}{4}\right)$	

A	$p = \pi$
B	$p = \frac{2\pi}{3}$
C	$p = 2\pi$
D	$p = 4\pi$
E	$p = \frac{4\pi}{3}$
F	$p = 8\pi$

191
FA-R 6.5

Gib einen möglichst kleinen Wert für den Parameter b an, sodass die Aussage stimmt: $\sin(x) = \cos(x + b)$

$b =$ ____________________

Training: Funktionstypen-Überblick

Ziel Eigenschaften verschiedener Funktionstypen kennen und vergleichen **FA-R 1.5, 1.8–1.9**

192 FA-R 1.5

Eine Funktion f ist durch ihren Graphen gegeben.
Kreuze die beiden zutreffenden Aussagen an!

Die Gerade $x = 0$ ist eine Asymptote von f.	☐
Die Gerade $y = -2$ ist eine Asymptote von f.	☐
f ist symmetrisch zur Geraden $y = -2$.	☐
Die x-Achse ist eine Asymptote von f.	☐
f ist symmetrisch zum Koordinatenursprung.	☐

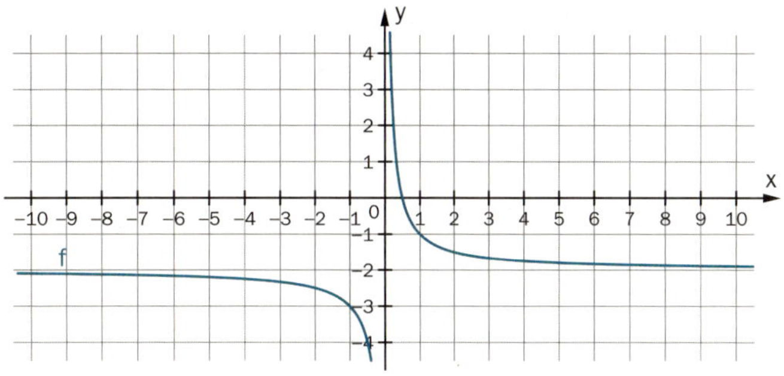

193 FA-R 1.5

Eine Funktion f ist durch ihren Graphen gegeben.
Kreuze die beiden zutreffenden Aussagen an!

f ist eine ungerade Funktion.	☐
$x = 0{,}5$ ist eine Asymptote von f.	☐
f ist für $x > 1$ monoton fallend.	☐
f hat zwei lokale Extremstellen.	☐
f hat keine Nullstellen.	☐

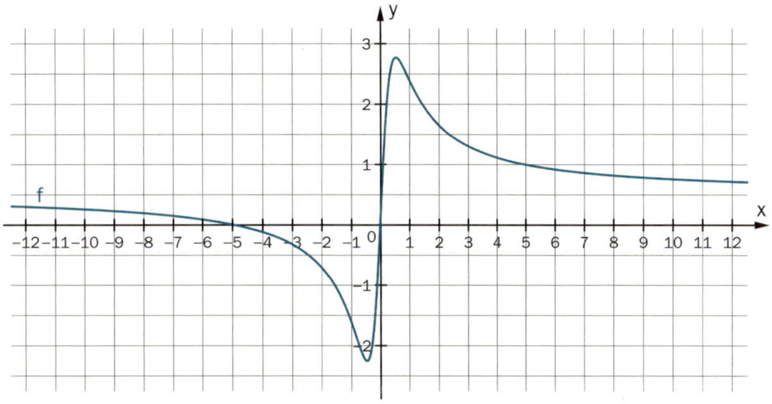

194 FA-R 1.9

Ordne jeder Termdarstellung den entsprechenden Funktionstyp (aus A bis E) zu!

$f(x) = 3\sin(2x)$	
$f(x) = x^2 - x$	
$f(x) = \frac{1}{\sqrt{x}}$	
$f(x) = 3 \cdot 2^x$	

A	Polynomfunktion
B	Potenzfunktion
C	Winkelfunktion
D	Exponentialfunktion
E	lineare Funktion

195 FA-R 1.9

Funktionen unterschiedlicher Typen sind durch ihre Termdarstellungen mit geeigneten Parametern $a, b \in \mathbb{R}$ gegeben.
Ordne jedem Funktionstyp die entsprechende Termdarstellung (aus A bis D) zu!

lineare Funktion	
Potenzfunktion	
Exponentialfunktion	
Winkelfunktion	

A	$f(x) = a\,b^x$
B	$f(x) = a\sin(bx)$
C	$f(x) = a\,x^b$
D	$f(x) = a\,x + b$

196 FA-R 1.9

Die Wertetabelle zeigt die Abhängigkeit der Größe y von x.
Ergänze die Textlücken im folgenden Satz durch Ankreuzen der jeweils richtigen Satzteile so, dass eine mathematisch korrekte Aussage entsteht!

x	y
0	1
1	0
2	−1

Die angegebenen Werte können Funktionswerte einer ______ ① ______ sein, weil sie eine Gleichung des Typs ______ ② ______ erfüllen.

①	
Potenzfunktion	☐
Exponentialfunktion	☐
Winkelfunktion	☐

②	
$y = a \cdot \cos(bx)$	☐
$y = a \cdot b^x$	☐
$y = a \cdot x^r$	☐

197 FA-R 1.9

Ordne jedem Funktionsgraphen den entsprechenden Funktionstyp (aus A bis E) zu!

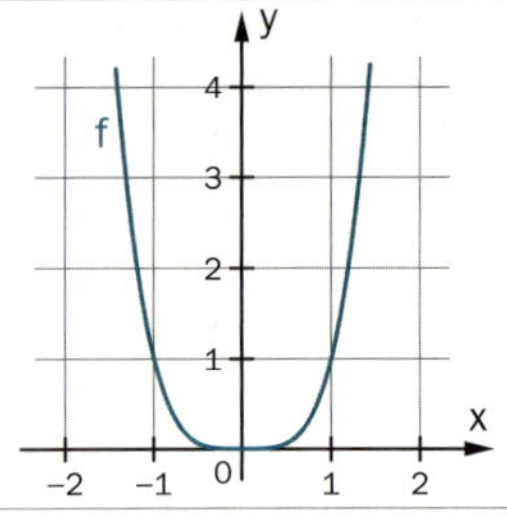	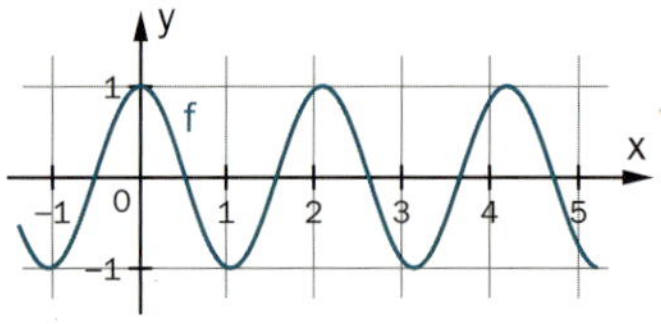	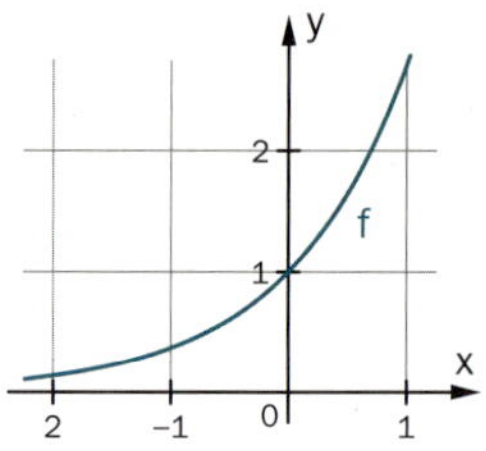	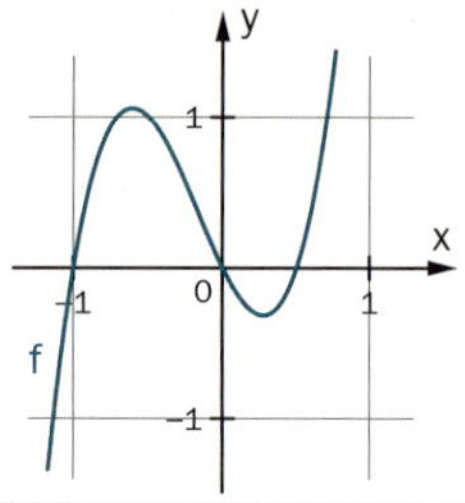

A	B	C	D	E
Polynomfunktion	Potenzfunktion	Winkelfunktion	Exponentialfunktion	lineare Funktion

198 FA-R 1.9

Es sind vier Aussagen zu Eigenschaften einer Funktion f gegeben.
Ordne den vier Aussagen die passende Termdarstellung (aus A bis F) zu!

f besitzt die 1. und 2. Achse als Asymptoten.	
f ist im gesamten Definitionsbereich streng monoton steigend.	
f ist ungerade.	
f hat genau einen Hochpunkt.	

A	$f(x) = -2x + 7$
B	$f(x) = x^{-2}$
C	$f(x) = x^3 - x$
D	$f(x) = -x^2$
E	$f(x) = 2\cos(3x)$
F	$f(x) = e^x$

199 FA-R 1.9

Kreuze die zutreffende(n) Aussage(n) an!

Die relative Änderung ist bei Exponentialfunktionen stets konstant.	☐
Die mittlere Änderungsrate ist bei linearen Funktionen stets konstant.	☐
Die absolute Änderung ist bei Potenzfunktionen mit 0 als Exponenten stets konstant.	☐
Die relative Änderung ist bei Winkelfunktionen stets konstant.	☐
Die mittlere Änderungsrate ist bei Polynomfunktionen vom Grad 3 stets konstant.	☐

200 FA-R 1.8

Für die Schwingungsdauer T eines elektrischen Schwingkreises gilt die Formel $T = 2\pi\sqrt{L \cdot C}$. Dabei bezeichnen L die Induktivität der Spule und C die Kapazität des Kondensators.

Kreuze die zutreffende(n) Aussage(n) an!

$L(T)$ beschreibt eine quadratische Funktion.	☐
$L(C)$ beschreibt eine Potenzfunktion.	☐
$T(L)$ beschreibt eine Wurzelfunktion.	☐
$C(L)$ beschreibt eine Potenzfunktion.	☐
$C(T)$ beschreibt eine quadratische Funktion.	☐

201 FA-R 1.8

Ergänze die Textlücken im folgenden Satz durch Ankreuzen der jeweils richtigen Satzteile so, dass eine mathematisch korrekte Aussage entsteht!

Durch die Abhängigkeit $a(c)$ in der Formel ______ ① ______ wird eine ______ ② ______ beschrieben.

①	
$a = b \cdot c^d$	☐
$a = c \cdot \sin(cx)$	☐
$a = \frac{b}{c}$	☐

②	
Potenzfunktion	☐
lineare Funktion	☐
Winkelfunktion	☐

202 FA-R 1.8

Die Formel für die Gravitationskraft F_G in Abhänigkeit der beiden beteiligten Massen m_1 und m_2 sowie des Abstandes r zwischen den Massen lautet: $F_G = G \cdot \frac{m_1 \cdot m_2}{r^2}$, wobei G die Gravitationskonstante ist.

Gib den Funktionstyp an, wenn $F_G(r)$ betrachtet wird und skizziere den Funktionsgraphen.

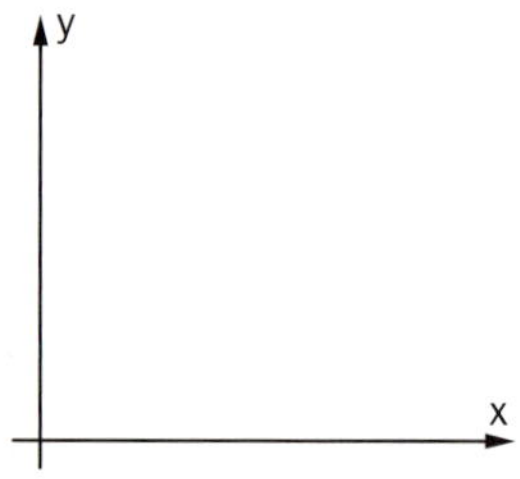

Funktionstyp: ____________________

3.8 Parametervariation

Ziel Parametervariation bei verschiedenen Funktionen durchführen **FA-R 2.3, 3.3, 5.3, 6.3**

203 FA-R 3.3

Gegeben sind vier Graphen von Potenzfunktionen und sechs Termdarstellungen.
Ordne jedem Graphen die entsprechende Termdarstellung (aus A bis F) zu!

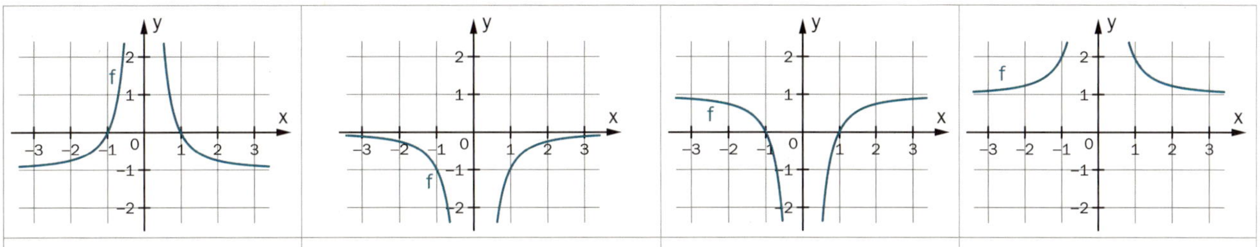

A	B	C	D	E	F
$f(x) = x^{-2}$	$f(x) = -x^{-2}$	$f(x) = x^{-2} + 1$	$f(x) = x^{-2} - 1$	$f(x) = -x^{-2} + 1$	$f(x) = -x^{-2} - 1$

204 FA-R 3.3

Gegeben ist der Graph der Funktion *f* mit der Gleichung
$f(x) = \frac{a}{x} + b$ mit $a, b \in \mathbb{Z}$.
Gib die Werte der Parameter *a* und *b* an!

$a =$ ____________________

$b =$ ____________________

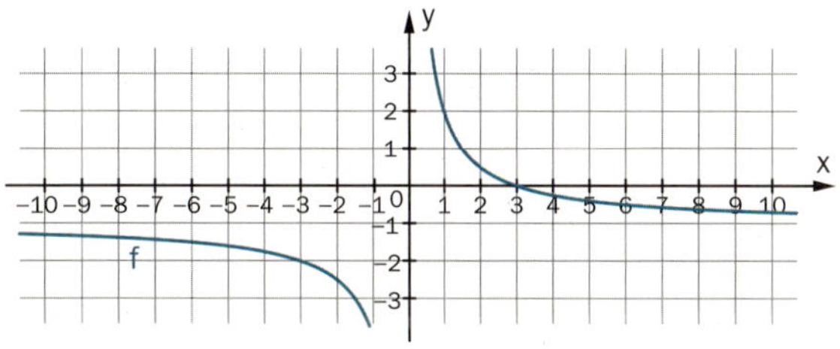

205 FA-R 3.3

Die Potenzfunktion *f* ist durch ihren Graphen gegeben.
Skizziere den Graphen der Funktion *g* mit
$g(x) = -1 \cdot f(x) + 3$ in der gegebenen Abbildung!

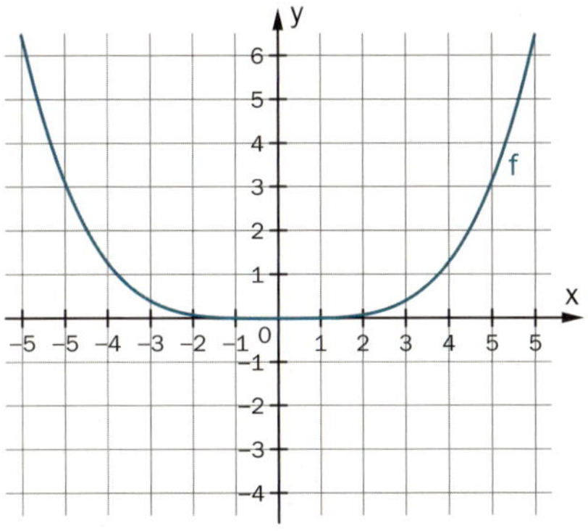

206 FA-R 3.3

Die Potenzfunktion *f* ist durch ihren Graphen gegeben.
Skizziere den Graphen der Funktion *g* mit
$g(x) = -f(x) - 2$ in der gegebenen Abbildung!

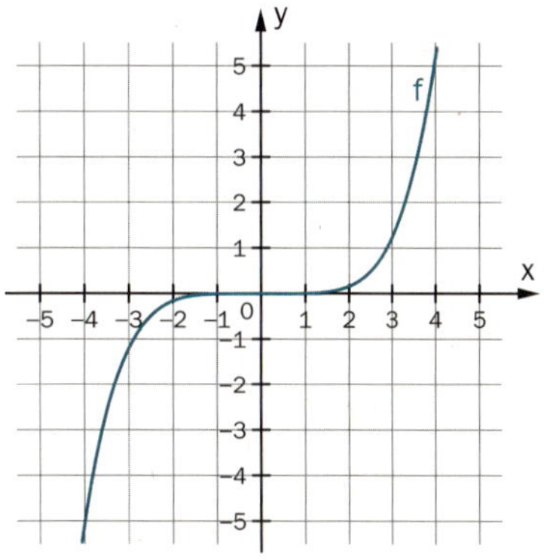

207 FA-R 3.3

Zwei Funktionen *f* und *g* vom Typ $y = a \cdot x^b + c$ sind durch ihre Graphen gegeben. Der Parameter *b* hat bei beiden Funktionen denselben Wert.
Während *g* unverändert bleibt, werden die Parameterwerte *a* und *c* bei der Funktion *f* variiert.

Ergänze die Textlücken im folgenden Satz durch Ankreuzen der jeweils richtigen Satzteile so, dass eine mathematisch korrekte Aussage entsteht!

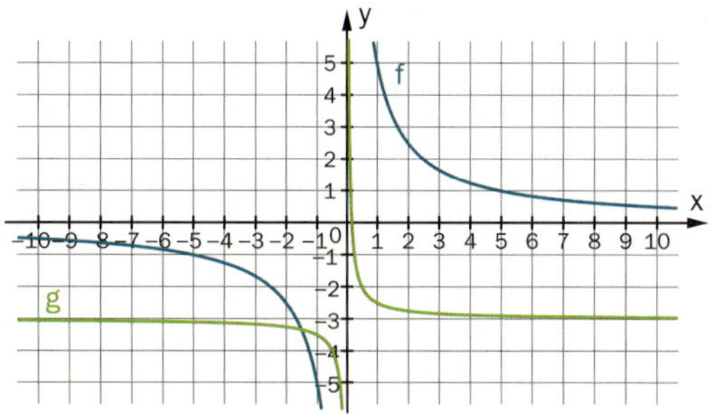

Die Funktion *f* verändert sich zur Funktion *g*, wenn

______ ① ______ und ______ ② ______.

①	
a größer wird	☐
a gleich bleibt	☐
a kleiner wird	☐

②	
c größer wird	☐
c gleich bleibt	☐
c kleiner wird	☐

208
FA-R 5.3

Gegeben ist der Graph der Funktion f mit $f(x) = a \cdot b^x$.
Gib die Werte der Parameter a und b an.

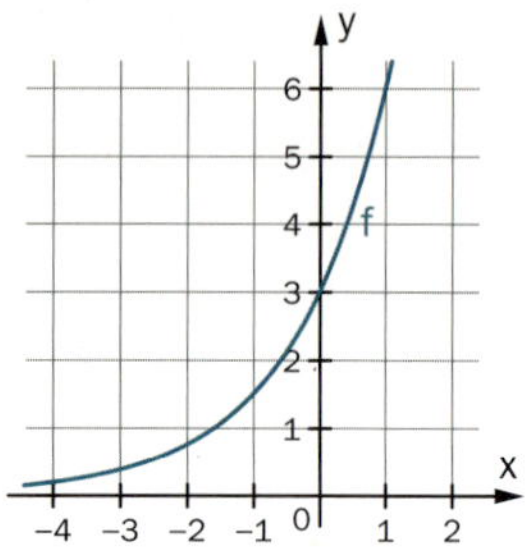

$a =$ ______________________ $b =$ ______________________

209
FA-R 5.3

Gegeben ist der Graph der Funktion f mit $f(x) = a \cdot b^x$.
Skizziere den Graphen einer Funktion g mit $g(x) = c \cdot d^x$ mit $0 < c < a$ und $d > \frac{1}{b}$ in der gegebenen Abbildung.

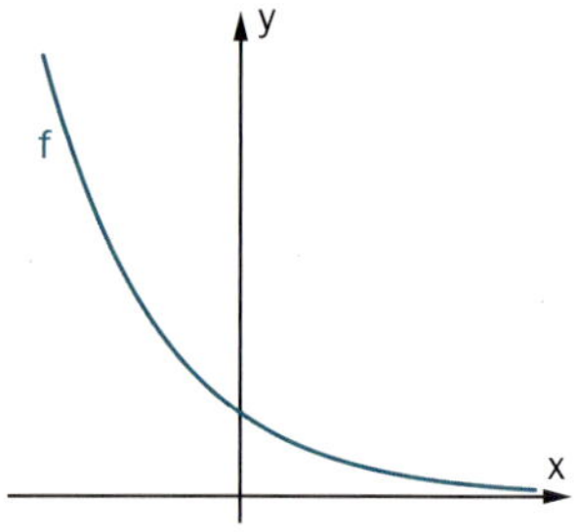

210
FA-R 5.3

Zwei Exponentialfunktionen f und g mit $f(x) = c \cdot e^{bx}$ und $g(x) = c \cdot e^{-bx}$ mit $c > 0$, $b > 0$ sind gegeben.
Skizziere die Graphen von f und g im vorgegebenen Koordinatensystem!

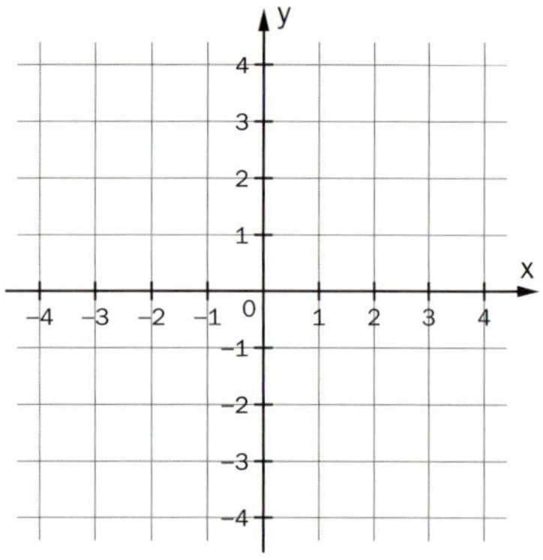

211
FA-R 6.3

Gegeben sind die Graphen der Funktionen f und g.
Gib die Funktionsterme der Funktionen f und g an!

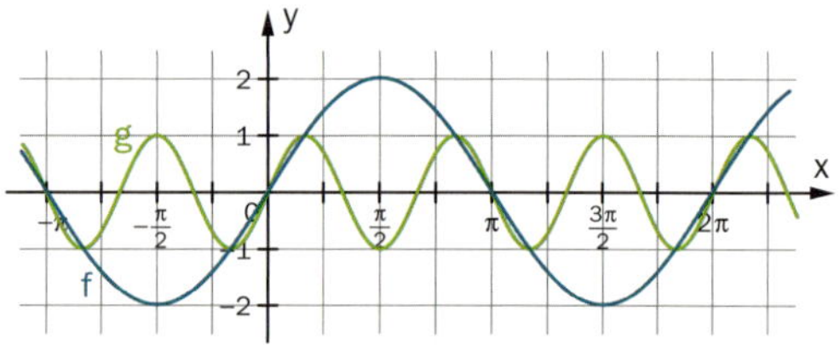

$f(x) =$ ______________________

$g(x) =$ ______________________

212
FA-R 6.3

Die Funktion f mit $f(x) = \sin(x)$ und eine Funktion g mit $g(x) = a \cdot \sin(b \cdot x)$ sind durch ihre Graphen gegeben.
Ergänze die Textlücken im folgenden Satz durch Ankreuzen der jeweils richtigen Satzteile so, dass eine mathematisch korrekte Aussage entsteht!

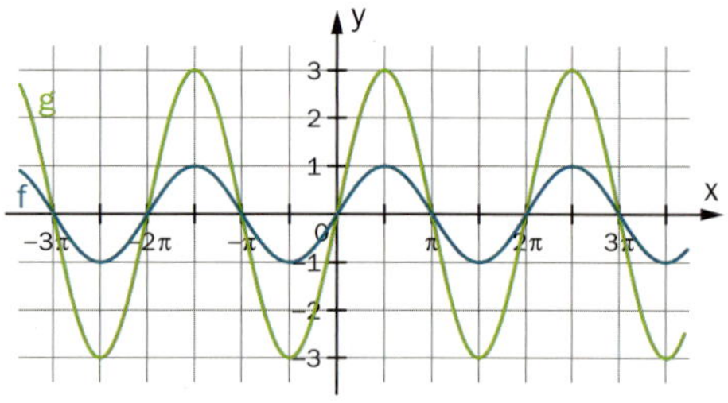

Die Funktion g verändert sich zur Funktion f, wenn ______ ① ______ und ______ ② ______.

①	
a größer wird	☐
a gleich bleibt	☐
a kleiner wird	☐

②	
b größer wird	☐
b gleich bleibt	☐
b kleiner wird	☐

213
FA-R 6.3

Eine Funktion f ist durch ihren Graphen gegeben.
Aufgrund von Parametervariation entsteht daraus eine neue Funktion g mit $g(x) = 2 \cdot f\left(\frac{x}{2}\right)$.
Skizziere den Graphen von g in der gegebenen Abbildung.

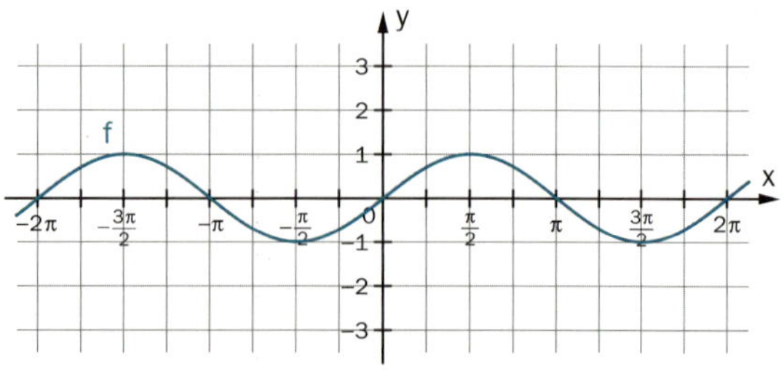

3.9 Harmonische Schwingung

Ziel Schwingungsvorgänge durch Sinusfunktionen beschreiben **FA-R 6.3**

214 FA-R 6.3

Gegeben ist eine Schwingung s mit $s(t) = a \cdot \sin(b \cdot t)$ $a, b \in \mathbb{R}$.
Ergänze die Textlücken im folgenden Satz durch Ankreuzen der jeweils richtigen Satzteile so, dass eine mathematisch korrekte Aussage entsteht!

Die Schwingung s hat eine Schwingungsdauer von ______ ① ______, wenn ______ ② ______ ist.

①	
$0{,}5\pi$	☐
π	☐
2π	☐

②	
$a = 0{,}5$	☐
$a = 2$	☐
$b = 2$	☐

215 FA-R 6.3

Gegeben ist der Graph einer Schwingung s mit $s(t) = \sin(t)$.
Zeichne den Graphen einer zweiten Schwingung s_1 ein, die eine doppelt so große Amplitude wie s besitzt und gib die Termdarstellung von s_1 an!

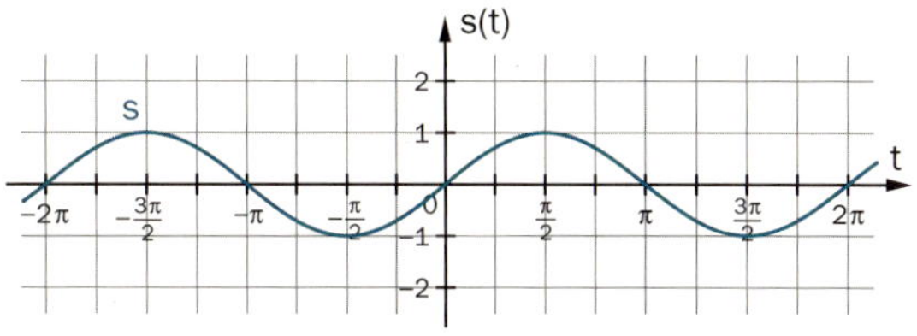

$s_1(t) =$ ____________________

216 FA-R 6.3

Die Abbildung zeigt den Graphen einer Funktion $s(t) = r \cdot \sin(t)$.
Bestimme den Parameter r und interpretiere ihn physikalisch!

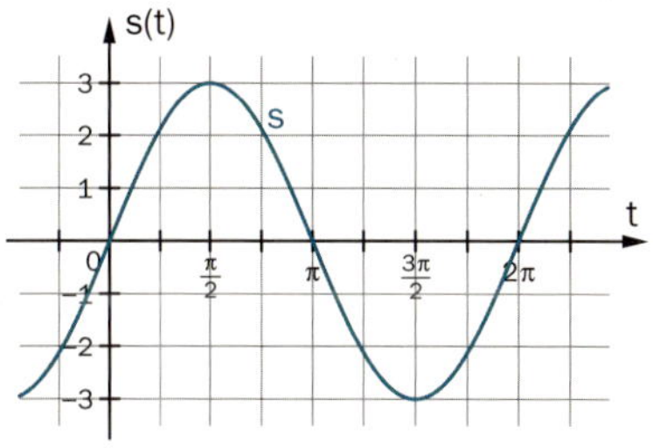

$r =$ ____________________

217 FA-R 6.3

Die Abbildung zeigt die zwei Graphen von den Funktionen s_1, s_2 der Form $s(t) = \sin(\omega t)$.
Bestimme die Frequenzen f_1 und f_2 der beiden Schwingungen und gib die Funktionsterme an!

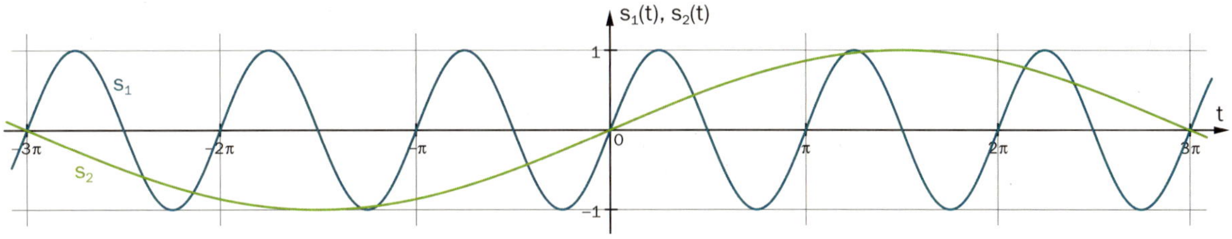

$f_1 =$ ____________ $s_1(t) =$ ____________ $f_2 =$ ____________ $s_2(t) =$ ____________

3.10 Verkettung von Funktionen

Zu diesem Abschnitt gibt es keine Reifeprüfungs- und Lehrplan-Grundkompetenzen.

3.11 Funktionen in mehreren Variablen

Ziel Funktionen in mehreren Variablen verständig einsetzen **FA-R 1.8**

218 FA-R 1.8

Für den zurückgelegten Weg s (in km) bei einer gleichförmigen Bewegung in Abhängigkeit von der Geschwindigkeit v (in km/h) und der Zeit t (in h) gilt: $s(v, t) = v \cdot t$
Kreuze die zutreffende(n) Aussage(n) an!

$s(80, 5) = 400$	☐
$s(10, 2) = s(2, 10)$	☐
$s(1, 100)$ gibt den in 1 h zurückgelegten Weg bei einer Geschwindigkeit von 100 km/h an.	☐
$s(30, 10) < s(100, 3)$	☐
$s(a, b) = s(b, a)$ für alle $a, b \in \mathbb{R}^+$	☐

4. Folgen

4.1 Reelle Zahlenfolgen

Ziel Reelle Zahlenfolgen darstellen und interpretieren **FA-L 7.1–7.2, 8.4**

219 FA-L 7.1

Ergänze die Textlücken im folgenden Satz durch Ankreuzen der jeweils richtigen Satzteile so, dass eine mathematisch korrekte Aussage entsteht!

Die ______ ① ______ Darstellung einer Folge gibt an, wie aus ______ ② ______ berechnet wird.

①	
konstruktive	☐
explizite	☐
rekursive	☐

②	
a_n das nächste Glied a_{n+1}	☐
n das Glied a_{n+1}	☐
a_n der Index n	☐

220 FA-L 7.1

Kreuze die rekursiv dargestellte(n) Folge(n) mit Anfangswert $a_0 \in \mathbb{R}$ an!

$a_{n+1} = a_n \cdot 3$	☐
$a_n = a_{n-1}$	☐
$a_n = 2 \cdot n + 4$	☐
$a_n = 3a_{n-1} + 1$	☐
$a_n = \frac{n}{2}$	☐

221 FA-L 7.1

Kreuze diejenige(n) Darstellung(en) von Folgen an, für welche die Angabe eines Anfangswertes erforderlich ist.

$a_{n+1} = \frac{a_n}{2}$	☐
$a_n = (-1)^{n-1}$	☐
$a_n = -a_{n-1}$	☐
$a_n = n$	☐
$a_n = \frac{3}{n^2}$	☐

222 FA-L 7.1

Gegeben ist die Folge $(a_n)_{n \in \mathbb{N}^*}$ mit $a_n = (-1)^{n-1} \cdot n^2$.
Berechne das 200. Folgenglied.

a_{200} = ____________________

223 FA-L 7.1

Kreuze die beiden richtigen Darstellungen der Folge $(a_n)_{n \in \mathbb{N}^*} = (1, 2, 4, 8, 16, \dots)$ an!

$a_{n+1} = a_n + n$ mit $a_1 = 1$	☐
$a_n = a_{n-1} \cdot 2$ mit $a_1 = 1$	☐
$a_n = 2 \cdot n$ mit $n \in \mathbb{N}$	☐
$a_n = 2^{n-1}$ mit $n \geq 1$	☐
$a_n = 2^n$ mit $n > 0$	☐

224 FA-L 7.1

Von einer Zahlenfolge sind die ersten fünf Glieder bekannt: 5, 3, 1, −1, −3, …
Gib eine rekursive Darstellung der Folge $(a_n)_{n \in \mathbb{N}^*}$ an!

225 FA-L 7.1

Von einer Zahlenfolge sind die ersten fünf Glieder bekannt: 1, 4, 9, 16, 25, …
Gib eine explizite Darstellung der Folge $(a_n)_{n \in \mathbb{N}^*}$ an!

226
FA-L 7.2

Stelle die ersten fünf Glieder der Folge $(a_n)_{n \in \mathbb{N}^*}$ mit $a_n = \frac{2}{n}$ im gegebenen $(n - a_n)$-Diagramm dar!

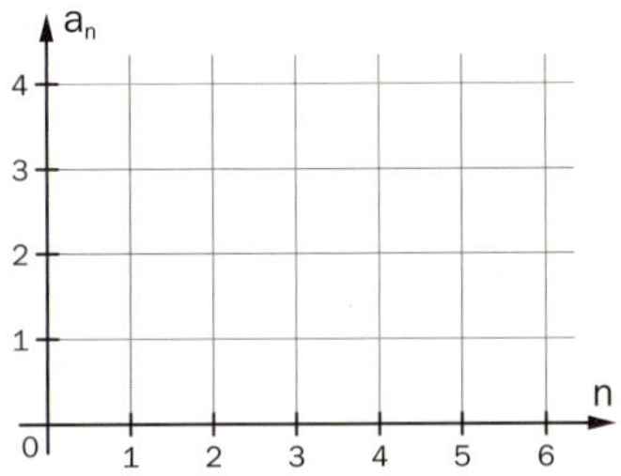

227
FA-L 7.1

Gegeben ist die Folge $(a_n)_{n \in \mathbb{N}^*}$ mit $a_n = \frac{(-2)^{n+1}}{n+1}$.
Stelle die ersten fünf Folgenglieder im gegebenen Koordinatensystem grafisch dar.

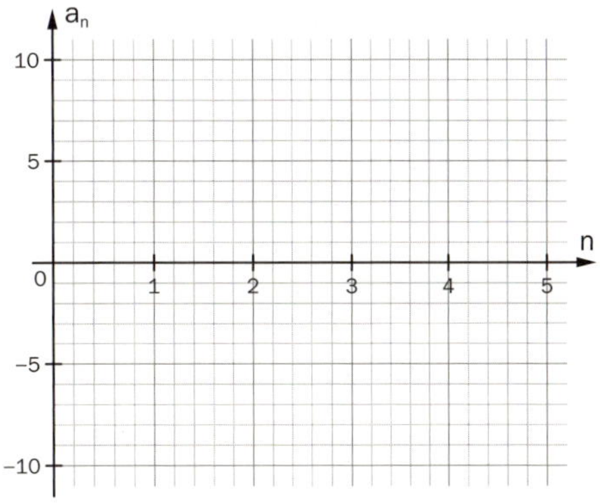

228
FA-L 7.1

Zeichne die ersten fünf Glieder der Folge (a_n) mit $a_{n+1} = 0{,}5a_n - 2$ und $a_0 = 4$ in das folgende Koordinatensystem ein!

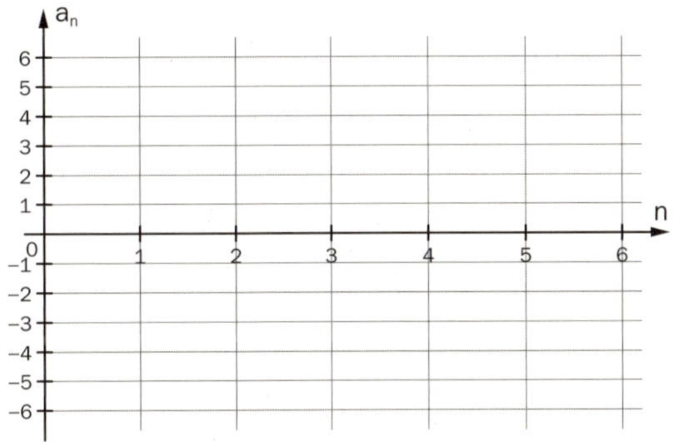

229
FA-L 7.1

Zeichne die ersten fünf Glieder der Folge (a_n) mit $a_{n+1} = -a_n - 1$ und $a_1 = -6$ in das folgende Koordinatensystem ein!

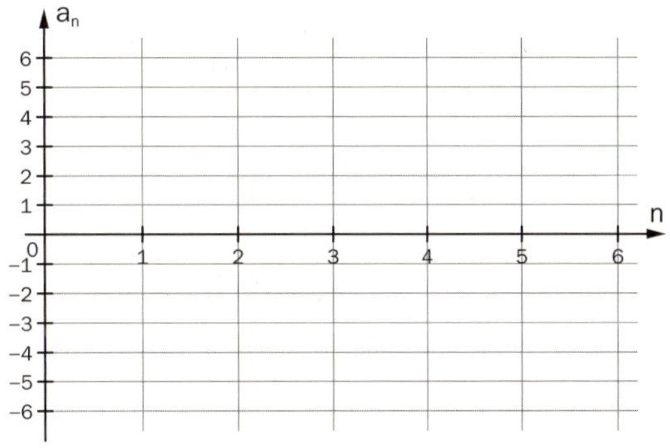

230
FA-L 8.4

Für die Höhe h (in cm) einer brennenden Kerze nach n Stunden gilt: $h_n = 12 - 2 \cdot n$
Interpretiere die Werte 12 und −2 im Kontext!

231
FA-L 8.4

Die Folge $(K_n)_{n \in \mathbb{N}}$ stellt dar, wie sich das Kapital auf einem Sparkonto von Jahr zu Jahr verändert. K_n beschreibt das Kapital (in €) am 1. Jänner, n Jahre nachdem das Sparbuch eröffnet wurde.
Es gilt: $K_{n+1} = 1{,}02 \cdot K_n + 100$ mit $K_0 = 300$
Kreuze die zutreffende(n) Aussage(n) an!

Das Konto wurde mit einer Einzahlung von 300 € eröffnet.	☐
Jedes Jahr werden zu Jahresbeginn 100 € eingezahlt.	☐
Zu Beginn betrug das Guthaben 100 €.	☐
Für ein Jahr gibt die Bank 1,02 % Zinsen.	☐
Die Jahreszinsen für das Sparkonto betragen 2 %.	☐

232
FA-L 8.4

Die Folge (K_n) stellt dar, wie sich der Guthabenstand auf einem Sparbuch von Jahr zu Jahr verändert. K_n beschreibt das Kapital (in €) am 1. Jänner, n Jahre nachdem das Sparbuch eröffnet wurde.
Es gilt: $K_{n+1} = K_n \cdot 1{,}0025 + 500$ mit $K_0 = 2000$
Interpretiere die Zahlenwerte 2000 sowie 1,0025 und 500 im gegebenen Kontext!

4.2 Monotonie und Beschränktheit

Ziel Monotonie und Beschränktheit von Folgen nachweisen **FA-L 7.3**

233 FA-L 7.3

Eine Folge (a_n) ist grafisch in einem $(n - a_n)$-Diagramm dargestellt. Kreuze die zutreffende(n) Aussage(n) an!

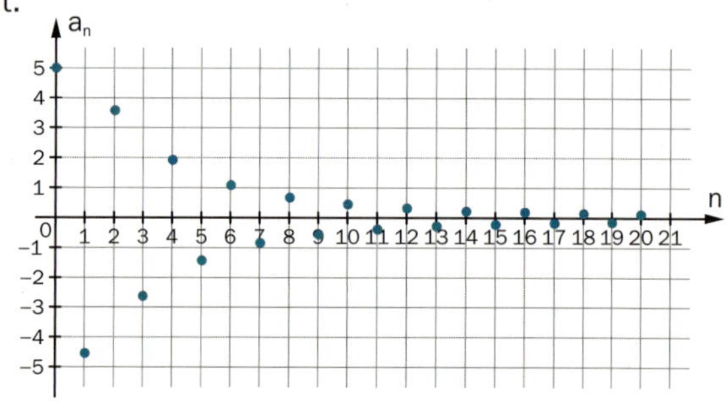

(a_n) ist streng monoton fallend.	☐
(a_n) ist für $n \geq 1$ monoton steigend.	☐
(a_n) ist eine beschränkte Folge.	☐
(a_n) hat 5 als obere Schranke.	☐
(a_n) ist nach unten unbeschränkt.	☐

234 FA-L 7.3

Kreuze die beiden Folgen an, die streng monoton fallend sind!

$a_n = \frac{2}{n}$	☐
$a_n = \frac{n}{2}$	☐
$a_n = \frac{2n}{n+1}$	☐
$a_n = 2 - \frac{1}{n}$	☐
$a_n = -n$	☐

235 FA-L 7.3

Kreuze die beiden nach oben beschränkten Folgen $(a_n)_{n \in \mathbb{N}^*}$ an!

$a_n = 3 - 0{,}5n$	☐
$a_{n+1} = a_n + 2,\ a_1 = -5$	☐
$a_{n+1} = 2a_n - 1,\ a_1 = 4$	☐
$a_{n+1} = a_n^2,\ a_1 = 0{,}25$	☐
$a_n = -4 + n$	☐

236 FA-L 7.3

Die Folge $(a_n)_{n \in \mathbb{N}^*}$ ist gegeben durch $a_n = n \cdot (n + 1)$.
Kreuze die zutreffende(n) Aussage(n) an!

(a_n) ist streng monoton wachsend.	☐
(a_n) ist nach oben beschränkt.	☐
(a_n) ist eine konstante Folge.	☐
(a_n) ist nach unten beschränkt.	☐
(a_n) ist streng monoton fallend.	☐

237 FA-L 7.3

Zeige, dass die Folge $(a_n)_{n \in \mathbb{N}^*}$ mit $a_n = \frac{4n-3}{n}$ streng monoton wachsend ist.

238 FA-L 7.3

Zeige, dass 6 eine obere Schranke der Folge $a_n = \frac{2n+4}{n}$ (mit $n \in \mathbb{N}^*$) ist.

239 FA-L 7.3

Die Folge $(a_n)_{n \in \mathbb{N}^*}$ mit $a_n = \frac{5n+3}{1-2n}$ ist nach oben beschränkt.

Kreuze alle oberen Schranken an!

−3	☐
−2,5	☐
−2	☐
−1,5	☐
−1	☐

240 FA-L 7.3

Die Folge $(a_n)_{n \in \mathbb{N}^*}$ mit $a_n = (3n - 4)^2 + 2$ ist nach unten beschränkt.

Kreuze alle unteren Schranken an!

0	☐
1	☐
2	☐
3	☐
4	☐

4.3 Konvergenz – Grenzwert einer Folge

Ziel Grenzwert einer Folge ermitteln **FA-L 7.4**

241 FA-L 7.4

Ordne jeder konvergenten Folge ihren Grenzwert (aus A bis F) zu!

$a_n = \frac{4n+2}{2n^2-2}$	
$b_n = \frac{4n-1}{2n}$	
$c_n = \frac{4n^2+1}{n-2n^2}$	
$d_n = \frac{4n^2-1}{n^2+4}$	

A	4
B	−2
C	2
D	1
E	0
F	−4

242 FA-L 7.4

Keuze die konvergente(n) Folge(n) $(a_n)_{n \in \mathbb{N}^*}$ an!

$a_n = \frac{1{,}1^n}{n}$	☐
$a_n = \frac{n}{n^{1{,}1}}$	☐
$a_n = \frac{n^5}{1{,}5^n}$	☐
$a_n = \sqrt[n]{n}$	☐
$a_n = 3n + 4$	☐

243 FA-L 7.4

Kreuze die divergente(n) Folge(n) an!

$a_n = 3n + 1$	☐
$a_n = \frac{1}{n^2}$	☐
$a_n = \frac{3n-4}{n}$	☐
$a_n = (-1)^n$	☐
$a_n = 2^n$	☐

244 FA-L 7.4

Kreuze alle Folgen $(a_n)_{n \in \mathbb{N}^*}$ an, die einen Grenzwert besitzen!

$a_n = \frac{2n+1}{n}$	☐
$a_n = \frac{4}{n+1}$	☐
$a_n = 0{,}5$	☐
$a_n = \frac{n^2}{6n+8}$	☐
a_n = n-te Ziffer von π	☐

245 FA-L 7.4

Kreuze alle Nullfolgen $(a_n)_{n \in \mathbb{N}^*}$ an!

$a_n = \frac{3}{n}$	☐
$a_n = -\frac{1}{n}$	☐
$a_n = \frac{1}{n^3}$	☐
$a_n = \frac{n}{3}$	☐
$a_n = \frac{(-1)^n}{n}$	☐

246 FA-L 7.4

Begründe, warum die Folge (a_n) mit $a_n = \frac{4n-1}{2}$ keine Nullfolge ist!

247 FA-L 7.4

Gegeben sind zwei Folgen (a_n) und (b_n) durch $a_n = n$, $b_n = -n$.
Kreuze die zutreffende(n) Aussage(n) an!

(a_n) ist konvergent.	☐
(b_n) ist divergent.	☐
$(a_n + b_n)$ ist konvergent.	☐
$(a_n + b_n)$ ist eine Nullfolge.	☐
$(a_n + b_n)$ hat keinen Grenzwert.	☐

248 FA-L 7.4

Eine Folge ist grafisch in einem $(n - a_n)$-Diagramm dargestellt.
Kreuze die beiden zutreffenden Aussagen an!

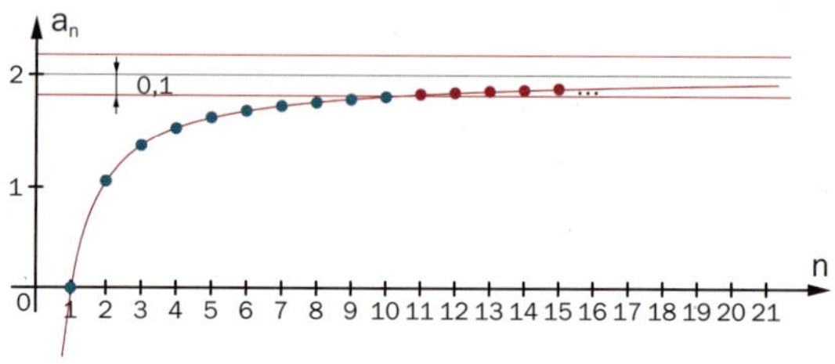

Die Folge ist divergent.	☐
$\lim\limits_{n \to \infty} a_n = 2$	☐
$\lvert a_n - 2 \rvert < 0{,}1$ für alle $n \geq 11$	☐
Die Folge ist eine Nullfolge.	☐
Für $n \geq 15$ ist der Abstand jedes Folgengliedes vom Grenzwert kleiner als 0,01.	☐

249 FA-L 7.4

Bestimme den Grenzwert a der Folge $(a_n)_{n \in \mathbb{N}}$ mit $a_n = \frac{5n^2 - n + 1}{n^2 + 11}$.

$a =$ ____________________

250 FA-L 7.4

Berechne den Grenzwert der Folge $(a_n)_{n \in \mathbb{N}}$ mit $a_n = \frac{4n^3 - 2n^2 + 9}{2n^3 - n + 4}$.

4.4 Vollständigkeit der reellen Zahlen – die Eulersche Zahl e

Zu diesem Abschnitt gibt es keine Reifeprüfungs- und Lehrplan-Grundkompetenzen.

4.5 Arithmetische Folgen – diskretes lineares Wachstum

Ziel Arithmetische Folgen darstellen und interpretieren **FA-L 7.1–7.2, 8.4**

251 FA-L 7.1

Einige Glieder einer arithmetischen Folge $(a_n)_{n \in \mathbb{N}}$ sind im $(n - a_n)$-Diagramm grafisch gegeben.
Gib die explizite Darstellung der Folge (a_n) an!

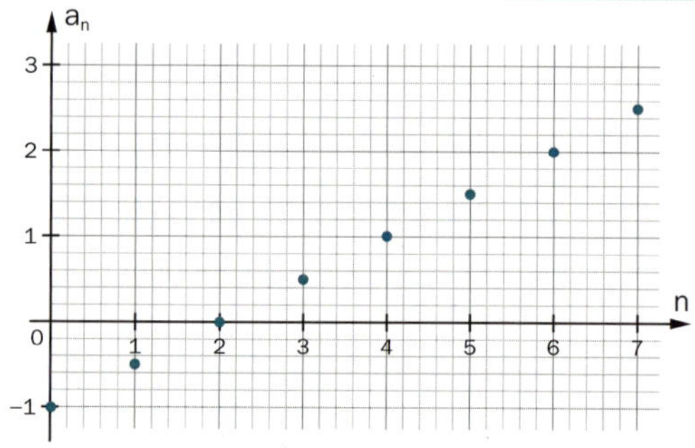

$a_n =$ ____________________

252 FA-L 7.1

Einige Glieder einer arithmetischen Folge $(a_n)_{n \in \mathbb{N}}$ sind im $(n - a_n)$-Diagramm grafisch gegeben.
Gib die explizite und rekursive Darstellung dieser Folge an!

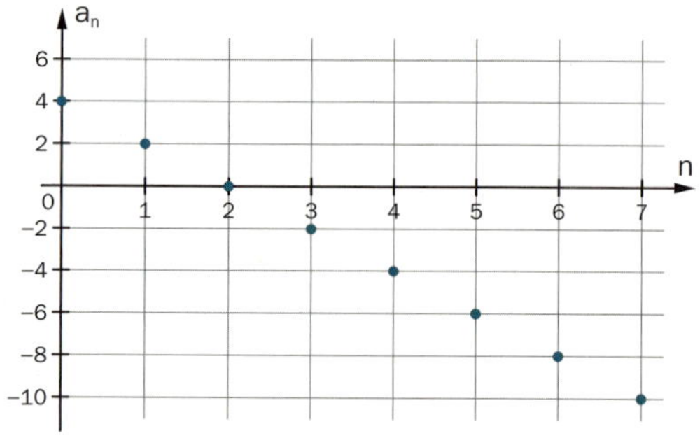

253 FA-L 7.1

Gegeben sind die ersten fünf Glieder von arithmetischen Folgen.
Ordne jeder arithmetischen Folge die passende rekursive Darstellung (aus A bis F) zu!

$(a_n) = (0, 2, 4, 6, 8, \dots)$	
$(a_n) = (2, 0, -2, -4, -6, \dots)$	
$(a_n) = (0, -2, -4, -6, -8, \dots)$	
$(a_n) = (-2, 0, 2, 4, 6, \dots)$	

A	$a_0 = -2,\ a_{n+1} = a_n + 2$
B	$a_0 = -2,\ a_{n+1} = a_n - 2$
C	$a_0 = 0,\ a_{n+1} = a_n + 2$
D	$a_0 = 0,\ a_{n+1} = a_n - 2$
E	$a_0 = 2,\ a_{n+1} = a_n + 2$
F	$a_0 = 2,\ a_{n+1} = a_n - 2$

254
FA-L 7.2

Von einer Folge sind die ersten 5 Glieder gegeben.

Kreuze alle Angaben an, die eine arithmetische Folge beschreiben!

$\left(1, \frac{1}{10}, \frac{1}{100}, \frac{1}{1000}, \frac{1}{10000}, \ldots\right)$	☐
$(1, -1, 1, -1, 1, \ldots)$	☐
$(1, 2, 4, 8, 16, \ldots)$	☐
$\left(\frac{1}{2}, 0, -\frac{1}{2}, -1, -\frac{3}{2}, \ldots\right)$	☐
$(1, 3, 5, 7, 9, \ldots)$	☐

255
FA-L 7.2

Von einer Folge sind die ersten 5 Glieder gegeben.

Kreuze alle Angaben an, die eine arithmetische Folge beschreiben!

$\left(0, \frac{1}{10}, \frac{1}{5}, \frac{3}{10}, \frac{2}{5}, \ldots\right)$	☐
$(2, 2, 2, 2, 2, \ldots)$	☐
$(1, -2, 3, -4, 5, \ldots)$	☐
$\left(\frac{1}{2}, 1, \frac{3}{2}, 2, \frac{5}{2}, \ldots\right)$	☐
$(2, 4, 6, 8, 10, \ldots)$	☐

256
FA-L 7.1

Kreuze die beiden Darstellungen mit Startwert $a_0 \in \mathbb{R}$ an, die eine arithmetische Folge beschreiben!

$a_{n+1} = 3a_n$	☐
$a_{n+1} = 3 - a_n$	☐
$a_{n+1} = a_n - 3$	☐
$a_n = \frac{3}{n}$	☐
$a_n = \frac{n}{3}$	☐

257
FA-L 7.1

Kreuze die beiden Darstellungen mit Startwert $a_0 \in \mathbb{R}$ an, die eine arithmetische Folge beschreiben!

$(-7; -5; -3; -1; 1; \ldots)$	☐
$\left(\frac{1}{2}; 1\frac{1}{3}; 2\frac{1}{4}; 3\frac{1}{5}; 4\frac{1}{6}; 5\frac{1}{7}; \ldots\right)$	☐
$(0{,}3; 0{,}5; 0{,}7; 0{,}11; 0{,}13; 0{,}17; \ldots)$	☐
$(3; 9; 19; 33; 51; \ldots)$	☐
$(0{,}5; -2{,}5; -5{,}5; -8{,}5; -11{,}5; \ldots)$	☐

258
FA-L 7.1

Zwei Glieder einer arithmetischen Folge $(a_n)_{n \in \mathbb{N}}$ sind gegeben: $a_7 = 12$ und $a_{22} = 7{,}5$

Gib den Wert von a_{40} an!

$a_{40} =$ ____________________

259
FA-L 7.1

Kreuze diejenige(n) Darstellung(en) mit Startwert $a_0 \in \mathbb{R}$ an, die keine arithmetische Folge beschreiben!

$a_{n+1} = a_n$	☐
$a_{n+1} = 5a_n + 2$	☐
$a_n = -2n + 5$	☐
$a_n = 5 \cdot (n - 2)$	☐
$a_n = \frac{n+5}{2}$	☐

4.6 Geometrische Folgen – exponentielles Wachstum

Ziel Geometrische Folgen darstellen und interpretieren **FA-L 7.1–7.2, 8.4**

260
FA-L 7.1

Gegeben sind die ersten vier Glieder von geometrischen Folgen.

Ordne jeder geometrischen Folge die passende rekursive Darstellung (aus A bis F) zu!

$(b_n) = (30; 40; 53{,}\dot{3}; 71{,}\dot{1}; \ldots)$	
$(b_n) = (30; 45; 67{,}5; 101{,}25; \ldots)$	
$(b_n) = (120; 80; 53{,}\dot{3}; 35{,}\dot{5}; \ldots)$	
$(b_n) = (120; 90; 67{,}5; 50{,}625; \ldots)$	

A	$b_0 = 30,\ b_{n+1} = b_n \cdot \frac{3}{2}$
B	$b_0 = 30,\ b_{n+1} = b_n \cdot \frac{4}{3}$
C	$b_0 = 30,\ b_{n+1} = b_n \cdot \frac{3}{4}$
D	$b_0 = 120,\ b_{n+1} = b_n \cdot \frac{3}{2}$
E	$b_0 = 120,\ b_{n+1} = b_n \cdot \frac{2}{3}$
F	$b_0 = 120,\ b_{n+1} = b_n \cdot \frac{3}{4}$

261 FA-L 7.2

Von einer Folge sind die ersten 5 Glieder gegeben.

Kreuze alle Angaben an, die eine geometrische Folge beschreiben.

$\left(1, \frac{1}{10}, \frac{1}{100}, \frac{1}{1000}, \frac{1}{10000}, \ldots\right)$	☐
$(1, -1, 1, -1, 1, \ldots)$	☐
$(1, 2, 4, 8, 16, \ldots)$	☐
$\left(\frac{1}{2}, 0, -\frac{1}{2}, -1, -\frac{3}{2}, \ldots\right)$	☐
$(1, 3, 5, 7, 9, \ldots)$	☐

262 FA-L 7.2

Von einer Folge sind die ersten 5 Glieder gegeben.

Kreuze alle Angaben an, die eine geometrische Folge beschreiben.

$\left(0, \frac{1}{10}, \frac{1}{5}, \frac{1}{10}, \frac{2}{5}, \ldots\right)$	☐
$(2, 2, 2, 2, 2, \ldots)$	☐
$(1, -2, 3, -4, 5, \ldots)$	☐
$\left(\frac{1}{2}, 1, \frac{3}{2}, 2, \frac{5}{2}, \ldots\right)$	☐
$(2, 4, 6, 8, 10, \ldots)$	☐

263 FA-L 7.1

Kreuze die beiden Darstellungen mit Startwert $b_0 \in \mathbb{R}$ an, die eine geometrische Folge beschreiben!

$b_{n+1} = b_n : 0{,}25$	☐
$b_{n+1} = 2 \cdot b_n^5$	☐
$b_{n+1} = 5 \cdot n^2$	☐
$b_n = 0{,}25^n$	☐
$b_n = 2^n + 5^n$	☐

264 FA-L 7.1

Kreuze diejenige(n) Darstellung(en) mit Startwert $b_0 \in \mathbb{R}$ an, die eine geometrische Folge beschreiben!

$b_{n+1} = -3 \cdot b_n + 2$	☐
$b_{n+1} = \sqrt{b_n}$	☐
$b_{n+1} = b_n$	☐
$b_{n+1} = 5\,b_n$	☐
$b_{n+1} = 6 + b_n$	☐

265 FA-L 7.1

Zwei Glieder einer geometrischen Folge $(b_n)_{n \in \mathbb{N}}$ sind gegeben:
$b_3 = 108$ und $b_8 = 820{,}125$

Gib den Wert von b_5 an!

$b_5 =$ ____________________

266 FA-L 7.1

Kreuze diejenige(n) Darstellung(en) mit Startwert $a_0 \in \mathbb{R}$ an, die keine geometrische Folge beschreiben!

$a_{n+1} = a_n \cdot 8^n$	☐
$a_{n+1} = a_n^2$	☐
$a_{n+1} = 2a_n - 8$	☐
$a_n = 8n^2$	☐
$a_n = 8^{n+2}$	☐

267 FA-L 7.1

Einige Glieder einer geometrischen Folge $(b_n)_{n \in \mathbb{N}}$ sind im $(n - b_n)$-Diagramm grafisch gegeben.

Gib die explizite Darstellung der Folge (b_n) an!

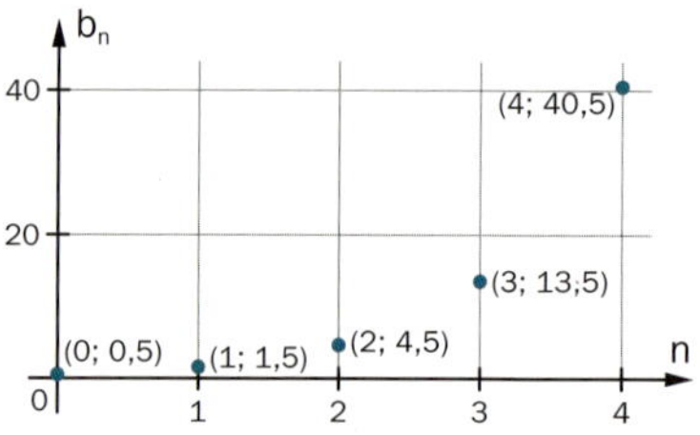

$b_n =$ ____________________

Training: Wachstums- und Abnahmeprozesse

Ziel Lineare und exponentielle Modelle verständig einsetzen **FA-L 7.2, 8.4**

268 FA-L 7.2

Die Folge (K_n) beschreibt, wie sich das Kapital auf einem Sparkonto von Jahr zu Jahr verändert. K_n ist das Kapital (in €) am 1. Jänner, n Jahre nach der Eröffnung des Sparkontos.

Es gilt: $K_{n+1} = 1{,}015 \cdot K_n + 50$ mit $K_0 = 200$

Begründe, dass das Guthaben am Sparkonto weder linear noch exponentiell wächst.

269 FA-L 7.2

Joachim leiht sich für den Kauf eines neuen Autos zinsfrei von seinen Eltern 10 000 €. Er zahlt den Betrag in monatlichen Raten zu je 650 € zurück.

Begründe, ob die nach $n \geq 0$ Monaten vorhandene Restschuld r_n bei seinen Eltern linear oder exponentiell sinkt und gib das diskrete Modell an!

270 FA-L 7.2

Über die Zinseszinsrechnung ist auf Wikipedia (22.02.2017) Folgendes nachzulesen:

„Die Zinseszinsrechnung beantwortet die Frage, auf welches Endkapital K_n ein anfängliches Kapital K_0 nach insgesamt n Zeiträumen angewachsen ist, wenn in jedem dieser Zeiträume mit dem festen Zinssatz von $p\,\%$ verzinst wird."

Die Formel $K_n = K_0 \cdot \left(1 + \frac{p}{100}\right)^n$ ist als *Zinseszinsformel mit dem Zinsfuß p* bekannt.

Begründe, dass das Kapital K_n entsprechend der Zinseszinsformel exponentiell wächst.

271 FA-L 7.2

Eine Infektionskrankheit breitet sich in den ersten 15 Wochen exponentiell aus.

Kreuze jenes Modell an, das den Sachverhalt richtig wiedergibt.

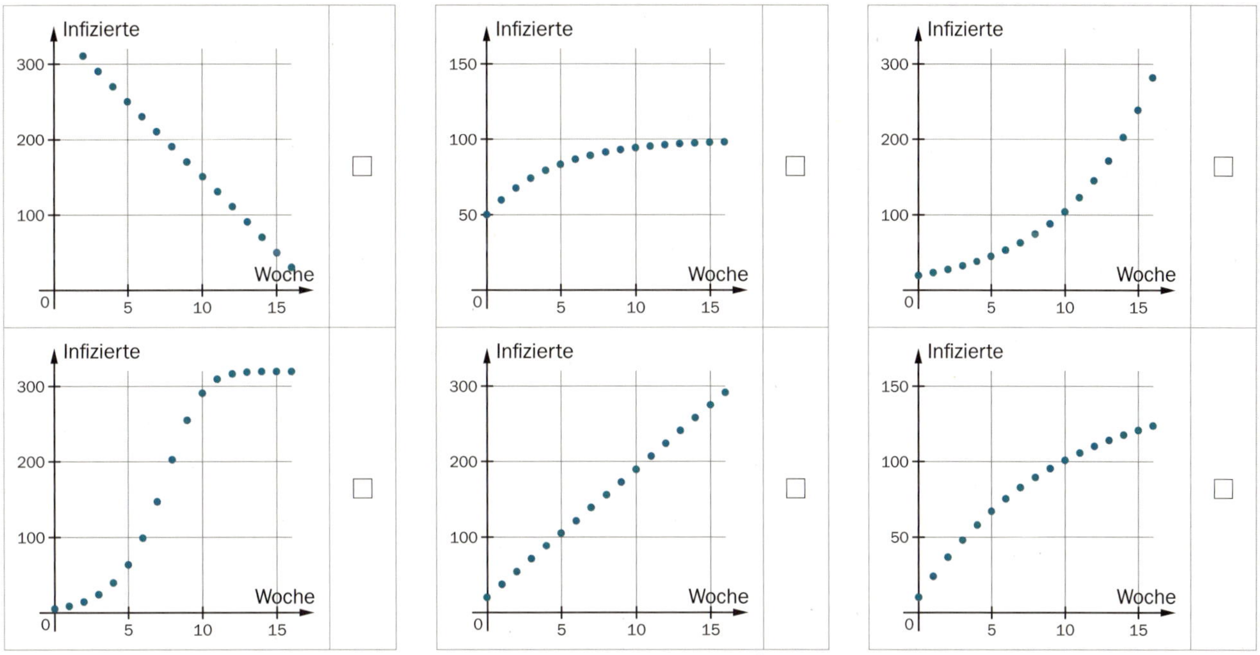

272 FA-L 8.4

In einer Kleinstadt wohnen 9 500 Personen. Es bricht die Grippe aus. Zu Beginn sind 50 Personen erkrankt. Man nimmt an, dass pro Woche 150 bis dato Gesunde infiziert werden.

G_n ist die Anzahl der gesunden Personen zu Beginn der Woche $n \geq 0$.

Beschreibe mit einem geeigneten Modell, wie sich diese Anzahl von Woche zu Woche verändert. Gib dazu eine passende rekursive oder explizite Darstellung der Folge $(G_n)_{n \in \mathbb{N}}$ an.

273 FA-L 8.4

In einer Kleinstadt wohnen 9 500 Personen. Die Grippe bricht aus. Zu Beginn sind 50 Personen erkrankt. Man nimmt an, dass die Anzahl der Erkrankten pro Woche um 5 % steigt. G_n ist die Anzahl der gesunden Personen zu Beginn der Woche $n \geq 0$.

Beschreibe mit einem geeigneten Modell, wie sich diese Anzahl von Woche zu Woche verändert. Gib dazu eine passende explizite Darstellung der Folge $(G_n)_{n \in \mathbb{N}}$ an.

4.7 Diskretes beschränktes Wachstum

Zu diesem Abschnitt gibt es keine Reifeprüfungs- und Lehrplan-Grundkompetenzen.

5. Reihen

5.1 Endliche Reihen

Ziel Summen endlicher Reihen berechnen **FA-L 8.1, 8.4**

274
FA-L 8.1

Kreuze die endliche(n) arithmetische(n) Reihe(n) an!

$1 + 2 + 3 + 4 + \ldots + 12$	☐
$2 + 4 + 8 + 16 + \ldots + 1024$	☐
$1 + 2 + 3 + 4 + \ldots$	☐
$0{,}5 + 1{,}5 + 2{,}5 + 3{,}5 + \ldots + 10{,}5$	☐
$1 + (-1) + 1 + (-1) + 1$	☐

275
FA-L 8.1

Kreuze die endliche(n) geometrische(n) Reihe(n) an!

$0 + 3 + 6 + 9 + 12 + \ldots$	☐
$2 + 4 + 8 + 16 + 32 + \ldots + 256$	☐
$0{,}1 + 0{,}01 + 0{,}001 + 0{,}0001 + \ldots$	☐
$0 - 5 - 10 - 15 - 20 - \ldots - 305$	☐
$-1 + 1 - 1 + 1 - 1 + 1 - \ldots + 1$	☐

276
FA-L 8.1

Die Abbildung zeigt Mauern, die nach oben immer schmäler werden.

Berechne, wie viele Ziegelsteine man für eine Mauer mit 50 Stockwerken benötigt!

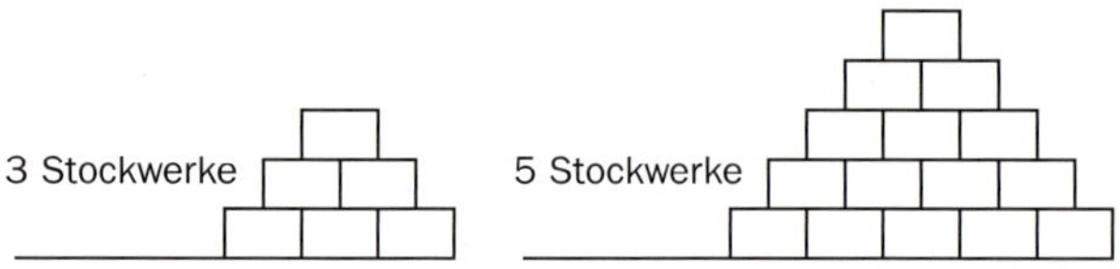

277
FA-L 8.1

Gegeben ist die Reihe $10 - 5 + 2{,}5 - 1{,}25 + \ldots - \frac{5}{128}$.
Kreuze die zutreffende(n) Aussage(n) an!

Es handelt sich um eine endliche arithmetische Reihe.	☐
$s_8 = \frac{1 - 2^8}{1 + 2}$	☐
Diese endliche Reihe besitzt 8 Summanden.	☐
$s_n = 10 \cdot \frac{1 - (-2)^n}{1 - (-2)}$	☐
Es handelt sich um eine endliche geometrische Reihe.	☐

278
FA-L 8.1

Berechne die Summe: $0{,}5 + 4 + 7{,}5 + \ldots + 70{,}5$!

279
FA-L 8.1

Die Summe $0{,}5 + 2 + 8 + 32 + 128 + 512 + 2048 + 8192 + 32768$ soll berechnet werden.
Kreuze den/die zutreffende(n) Term(e) an!

$0{,}5 \cdot \frac{1 - 4^8}{1 - 4}$	☐
$\frac{4^8 - 1}{6}$	☐
$0{,}5 \cdot \frac{4^8 - 1}{4 - 1}$	☐
$\frac{4^9 - 1}{6}$	☐
$0{,}5 \cdot \frac{1 - 4^9}{1 - 4}$	☐

280 FA-L 8.1

Eine Folge ist gegeben durch (140, 125, 110, …).
Begründe, dass die Summe s_{100} der ersten 100 Folgenglieder eine endliche arithmetische Reihe ist, und berechne ihren Wert.

5.2 Unendliche Reihen

Ziel Summen konvergenter geometrischer Reihen berechnen **FA-L 8.2–8.4**

281 FA-L 8.2

Ergänze die Textlücken im folgenden Satz durch Ankreuzen der jeweils richtigen Satzteile so, dass eine mathematisch korrekte Aussage entsteht!

Die Reihe $0,1 + 0,01 + 0,001 + 0,0001 + \ldots$ ist eine ______ ① ______ Reihe, weil ______ ② ______ ist.

①	
endliche geometrische	☐
unendliche arithmetische	☐
unendliche geometrische	☐

②	
der letzte Summand 0,00001	☐
die Differenz benachbarter Summanden konstant	☐
der Quotient benachbarter Summanden konstant	☐

282 FA-L 8.3

Kreuze jene geometrische(n) Reihe(n) an, die einen Grenzwert besitzt/besitzen!

$25 + 20 + 16 + \ldots$	☐
$5 + 6 + 7,2 + \ldots$	☐
$1000 + 900 + 810 + \ldots$	☐
$1024 + 768 + 576 + \ldots$	☐
$16 + 20 + 25 + \ldots$	☐

283 FA-L 8.3

Berechne die Summe der unendlichen geometrischen Reihe $6 + 3 + 1,5 + 0,75 + \ldots$!

284 FA-L 8.3

Berechne die Summe: $0,4 + 0,04 + 0,004 + 0,0004 + \ldots$!

285 FA-L 8.3

Berechne die Summe: $0,63 + 0,0063 + 0,000063 + \ldots$!

286 FA-L 8.3

Kreuze die divergente(n) Reihe(n) an!

$1 + 2 + 3 + 4 + 5 + \ldots$	☐
$1 + \frac{1}{2} + \frac{1}{4} + \frac{1}{8} + \frac{1}{16} + \ldots$	☐
$4 + 2 + 1 + 0,5 + 0,25 + \ldots$	☐
$1 + 2 + 4 + 8 + 16 + \ldots$	☐
$1 + (-1) + 1 + (-1) + 1 + \ldots$	☐

287 FA-L 8.3

Kreuze die konvergente(n) Reihe(n) an.

$40 + 42 + 44,1 + \ldots$	☐
$32 - 16 + 8 - \ldots$	☐
$12 + 12^2 + 12^3 + 12^4 + \ldots$	☐
$\frac{1}{3} - \frac{1}{6} + \frac{1}{12} - \frac{1}{24} + \ldots$	☐
$1 + 0,1 + 0,01 + 0,001 + \ldots$	☐

288 FA-L 8.2 Ergänze die Textlücken im folgenden Satz durch Ankreuzen der jeweils richtigen Satzteile so, dass eine mathematisch korrekte Aussage entsteht!

Jede ______ ① ______, ______ ② ______ Reihe ist divergent.

①	
unendliche	☐
endliche	☐
konvergente	☐

②	
konvergente	☐
arithmetische	☐
geometrische	☐

289 FA-L 8.3 Gegeben ist die geometrische Folge (64, 48, 36, 27, ...).

Begründe: Der Wert der zugehörigen unendlichen Reihe $64 + 48 + 36 + 27 + \dots$ ist endlich.

290 FA-L 8.4 In einem gleichseitigen Dreieck mit der Seite a und Umfang u_1 werden die Mittelpunkte der Seiten durch Strecken verbunden. Dadurch entsteht ein weiteres gleichseitiges Dreieck mit Umfang u_2. In dieses wird auf die gleiche Weise ein weiteres gleichseitiges Dreieck mit Umfang u_3 gezeichnet und so fort (siehe Abbildung).

Betrachte im Folgenden die Summe u der Umfänge dieser gleichseitigen Dreiecke:
$u = u_1 + u_2 + u_3 + \dots$

Kreuze die beiden zutreffenden Aussagen an!

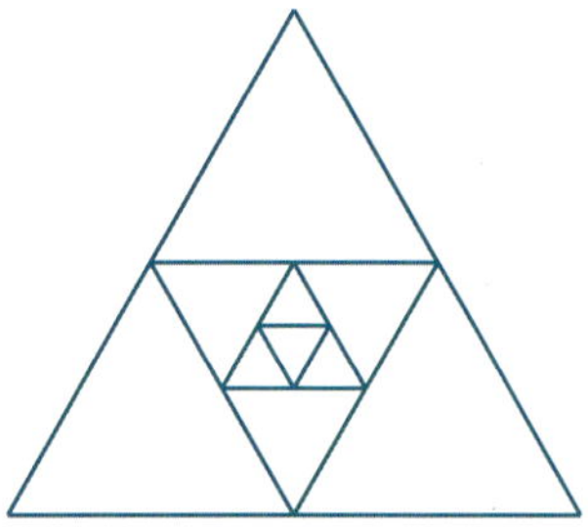

$u_{n+1} = u_n \cdot \sqrt{2}$ mit $u_1 = 3a$	☐
$u = \frac{a}{2}$	☐
$u_{n+1} = u_n \cdot \frac{1}{2}$ mit $u_1 = 3a$	☐
$u = 3a \cdot \frac{1}{\frac{1}{2} - 1}$	☐
$u = 6a$	☐

5.3 Anwendungen in der Finanzmathematik

Auf- und Abzinsung

Ziel Folgen in der Finanzmathematik einsetzen **FA-L 8.4**

291 FA-L 8.4 Auf einem Kapitalsparbuch wird einmalig ein Betrag B € eingelegt. Für eine Laufzeit von 3 Jahren garantiert die Bank einen fixen Zinssatz von 2,5% pro Jahr.

Berechne, wie hoch der Betrag B sein muss, um am Ende der Laufzeit 3000 Euro abheben zu können! Die Kapitalertragssteuer soll in der Rechnung nicht berücksichtigt werden.

$B =$ ______________________ Euro

292 FA-L 8.4 Auf einem Sparbuch befindet sich ein Guthaben von 2500 €. Es ist mit einem jährlichen Zinssatz von 2,5% veranlagt.

Interpretiere den Ausdruck $\frac{2500}{1{,}025^5}$ im Kontext.

293
FA-L 8.4

Der Preis einer Immobilie steigt jährlich um etwa 3 % des Vorjahreswertes. Aktuell wird der Wert mit 400 000 € beziffert. Interpretiere die Rechnungen im Kontext!

1) $400000 \cdot 1{,}03^5$ 2) $400000 \cdot 1{,}03^5 - 400000$ 3) $\frac{400000}{1{,}03^5}$

294
FA-L 8.4

Beim Verkauf eines Hauses bekommt der Verkäufer folgende Angebote:

Angebot *A*: 120 000 € in bar und 56 000 € nach 5 Jahren

Angebot *B*: 100 000 € in bar und 80 000 € nach 3 Jahren

Vergleiche die Barwerte der beiden Angebote bei einem Jahreszinssatz von 2 %, und gib darauf bezugnehmend eine Empfehlung für den Verkäufer ab!

Regelmäßige Zahlungen

Ziel Reihen in der Finanzmathematik bei regelmäßigen Zahlungen einsetzen **FA-L 8.4**

295
FA-L 8.4

Ein Bausparer zahlt sechsmal, jeweils am Jahresbeginn, vorschüssig 800 € ein und bekommt 1,4 % Zinsen pro Jahr. Es soll der Betrag berechnet werden, den der Bausparer nach sechs Jahren erhält.

Kreuze die zutreffende(n) Term(e) an!

$800 \cdot 1{,}014 \frac{1{,}014^6 - 1}{0{,}014}$	☐
$800 \frac{1{,}014^6 - 1}{0{,}014}$	☐
$800 \cdot 1{,}014 \frac{1 - 1{,}014^6}{1 - 1{,}014}$	☐
$811{,}2 \cdot 1{,}014 \frac{1 - 1{,}014^6}{1 - 1{,}014}$	☐
$811{,}2 \frac{1{,}014^6 - 1}{0{,}014}$	☐

Kredite

Ziel Reihen in der Finanzmathematik bei Krediten einsetzen **FA-L 8.4**

296
FA-L 8.4

Für einen Kredit in der Höhe von 45 000 € verrechnet die Bank jährlich 5 % Zinsen. Der Kredit wird in 6 gleichen Jahresraten von je *R* € nachschüssig zurückgezahlt. Die Zeitleiste veranschaulicht die Endwerte aller Zahlungen nach 6 Jahren mit dem jährlichen Aufzinsfaktor $q = 1{,}05$.

		nach 1 Jahr	nach 2 Jahren	nach 3 Jahren	nach 4 Jahren	nach 5 Jahren	nach 6 Jahren
Endwert Bank:	$45000 \cdot q^6$						
Endwert Kreditnehmer:		$R \cdot q^5$	$R \cdot q^4$	$R \cdot q^3$	$R \cdot q^2$	$R \cdot q$	R

Kreuze die beiden zutreffenden Gleichungen an!

$45000 = R + R \cdot q + R \cdot q^2 + R \cdot q^3 + R \cdot q^4 + R \cdot q^5 + R \cdot q^6$	☐
$R + R \cdot q + R \cdot q^2 + R \cdot q^3 + R \cdot q^4 + R \cdot q^5 + R \cdot q^6 = 45000q^6$	☐
$R \cdot \frac{1 - q^6}{1 - q} = 45000q^6$	☐
$\frac{1 - R^6}{1 - R} = 45000R^6$	☐
$45000 \cdot \frac{1 - q^6}{1 - q} = R \cdot q^6$	☐

6. Beschreibende Statistik

6.1 Grundlagen der beschreibenden Statistik

Ziel Statistische Daten beschreiben und interpretieren **WS-R 1.1, 1.3**

297 WS-R 1.3

Kreuze die zutreffende(n) Aussage(n) an!

Setzt man die absolute Häufigkeit in Relation zum Stichprobenumfang, so erhält man die relative Häufigkeit.	☐
Die absolute Häufigkeit ist stets kleiner als der Stichprobenumfang.	☐
Die relative Häufigkeit kann in Prozent angegeben werden.	☐
Die Summe aller relativen Häufigkeiten entspricht dem Stichprobenumfang.	☐
Zum Vergleichen zweier Stichproben eignen sich die relativen Häufigkeiten besser als die absoluten.	☐

298 WS-R 1.1

Die Tabelle gibt einen Überblick über den Bildungsstand in Österreich.

Daten nach: Statistik Austria, 2018

Berechne den Stichprobenumfang n, wenn etwa 816 000 Personen eine tertiäre Ausbildung (Akademie oder Hochschule) abgeschlossen haben!

Bildungsstand der Bevölkerung im Alter von 25 bis 64 Jahren

Allgemeine Pflichtschule (inkl. Personen ohne Pflichtschulabschluss)	19 %
Lehre	34 %
Berufsbildende mittlere Schule	15 %
Höhere Schule	15 %
Akademie	3 %
Hochschule	14 %

n = ______________________

299 WS-R 1.1

Ergänze die Textlücken im folgenden Satz durch Ankreuzen der jeweils richtigen Satzteile so, dass eine mathematisch korrekte Aussage entsteht!

Das Merkmal *höchste abgeschlossene Ausbildung* wird mithilfe einer ______ ① ______ gemessen, weil die Ausprägungen des Merkmales ______ ② ______ werden können.

①	
Ordinalskala	☐
metrischen Skala	☐
Nominalskala	☐

②	
durch Zählen bestimmt	☐
durch Messen bestimmt	☐
der Reihe nach geordnet	☐

300 WS-R 1.3

In der gegebenen Urliste sind die monatlichen Nettoeinkommen der Mitarbeiterinnen und Mitarbeiter eines kleinen Betriebes angeführt.

Geschlecht	monatliches Nettoeinkommen
m	1 200 €
m	990 €
w	1 200 €
w	990 €
w	2 800 €
m	1 100 €
m	800 €
m	3 800 €
w	650 €

Geschlecht	monatliches Nettoeinkommen
w	850 €
w	890 €
w	2 200 €
m	2 200 €
w	750 €
m	2 100 €
m	2 100 €
w	1 650 €
w	1 200 €

Berechne die Spannweiten der monatlichen Nettoeinkommen für Frauen und Männer getrennt, und interpretiere die Ergebnisse!

Spannweite für Frauen = ______________________ €   Spannweite für Männer = ______________________ €

301 WS-R 1.3

Das Diagramm zeigt die Besucherzahlen eines Museums während einer Woche:

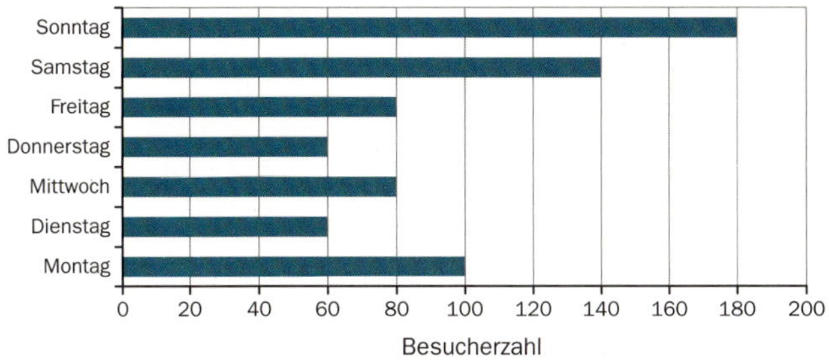

Bestimme die Spannweite R und interpretiere sie im gegebenen Zusammenhang!

R = ____________________

302 WS-R 1.3

In der Grafik ist die mittlere Dauer einer Ehe in Österreich in Abhängigkeit vom Bundesland angegeben.

Daten nach: Statistik Austria

Bestimme x_{min}, x_{max} sowie R und erkläre die Bedeutung der Kennzahlen im gegebenen Kontext!

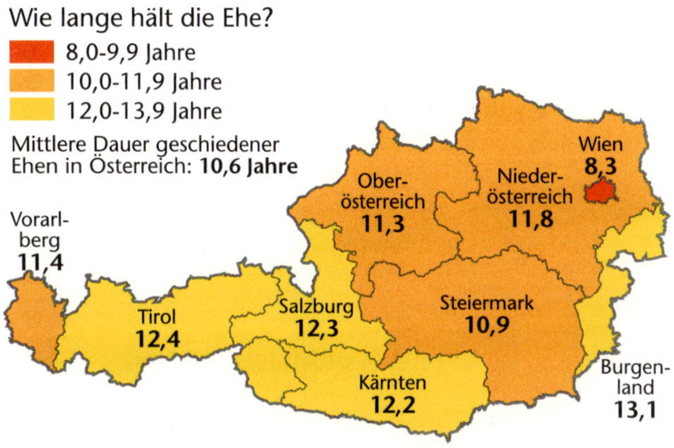

303 WS-R 1.3

Gegeben ist eine Urliste.

Kreuze die zutreffende(n) Aussage(n) an!

Die Spannweite kann nicht null sein.	☐
Die Spannweite kann nicht für alle Merkmale sinnvoll berechnet werden.	☐
Die Spannweite ist mindestens so groß wie jede Zahl in der Urliste.	☐
$R = 0 \Leftrightarrow x_{max} = x_{min}$	☐
Die Spannweite bleibt unverändert, wenn das Minimum um 5 verringert und das Maximum um 5 erhöht wird.	☐

6.2 Statistische Diagramme

Ziel Werte aus Grafiken ablesen und interpretieren **WS-R 1.1**

304 WS-R 1.1

In der Abbildung sind Daten über die Verkaufszahlen von E-Bikes in Deutschland dargestellt.

Kreuze die beiden zutreffenden Aussagen an!

2016 wurden in Deutschland um 6 % mehr E-Bikes als Mountainbikes verkauft.	☐
2016 kauften die Deutschen mehr als 1,2 Millionen Trekking-Räder.	☐
2012 bis 2016 stieg der Absatz von E-Bikes in Deutschland jährlich.	☐
2016 wurden in Deutschland insgesamt 605 000 Fahrräder verkauft.	☐
Das E-Bike war 2016 das beliebteste Rad der Deutschen.	☐

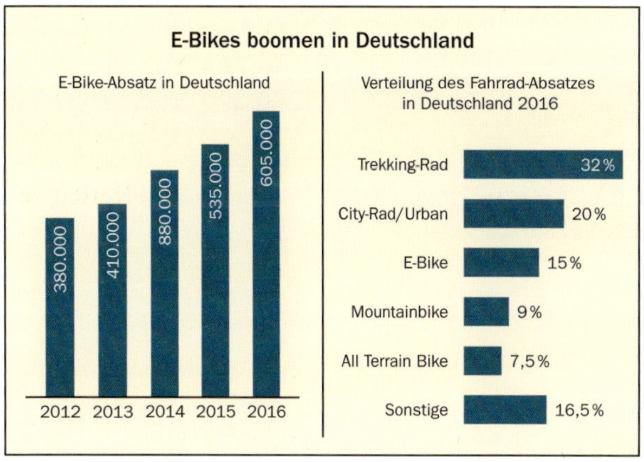

Daten nach: ZIV

305 WS-R 1.1

Von *Eurostat*, dem statistischen Zentralamt der Europäischen Union, wurden Daten über die Verbraucherpreisniveaus im Jahr 2016 veröffentlicht (siehe Abbildung): Den höchsten Preisniveauindex für Verbrauchsgüter und Dienstleistungen hatte im Jahr 2016 Dänemark – er lag bei 139 % des EU-Durchschnitts.

Daten nach: Eurostat

Der österreichische Preisniveauindex betrug 107.

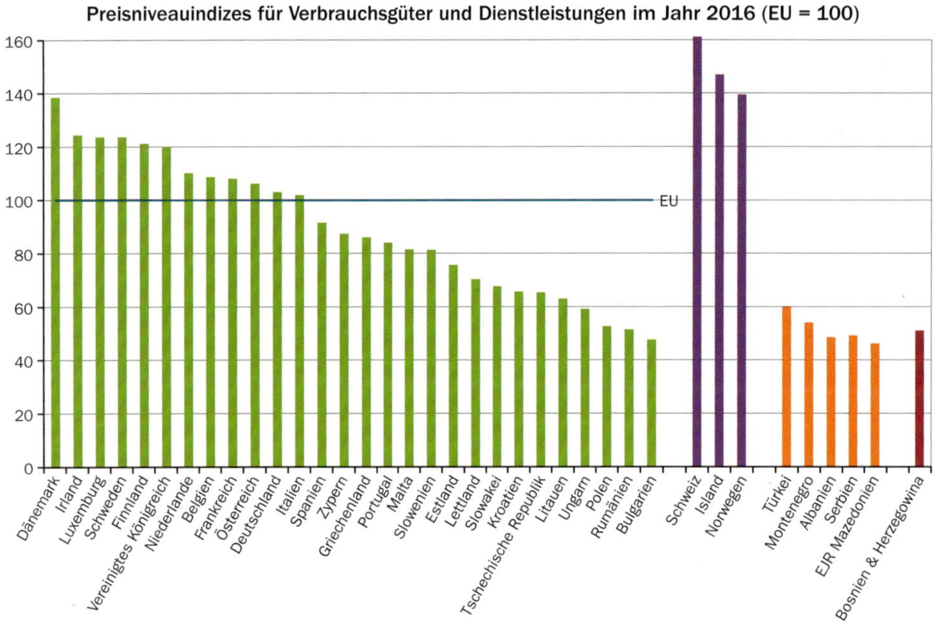

Kreuze die beiden zutreffenden Aussagen an!

Das Preisniveau von Ungarn liegt knapp unter 50 % des EU-Durchschnitts.	☐
Die Hälfte der EU-Länder hat ein höheres Preisniveau als der EU-Durchschnitt.	☐
Das Preisniveau von Irland liegt mehr als 20 % über dem EU-Durchschnitt.	☐
Alle Nachbarländer Österreichs haben ein niedrigeres Preisniveau als Österreich.	☐
In ca. einem Drittel der EU-Länder ist das Preisniveau mindestens so hoch wie in Österreich.	☐

306 WS-R 1.1

Verwende das Diagramm aus Aufgabe 305: Gib die absolute und relative Häufigkeit aller Länder der EU an, deren Preisniveauindex unter dem EU-Durchschnitt liegen.

307 WS-R 1.1

Bei der Nationalratswahl 2017 waren 6 400 993 Personen wahlberechtigt. Die Wahlbeteiligung betrug 80 Prozent. Es gab 1 Prozent ungültige Stimmen. Von den gültig abgegebenen Stimmen erreichten die Parteien die im Diagramm dargestellten relativen Anteile:

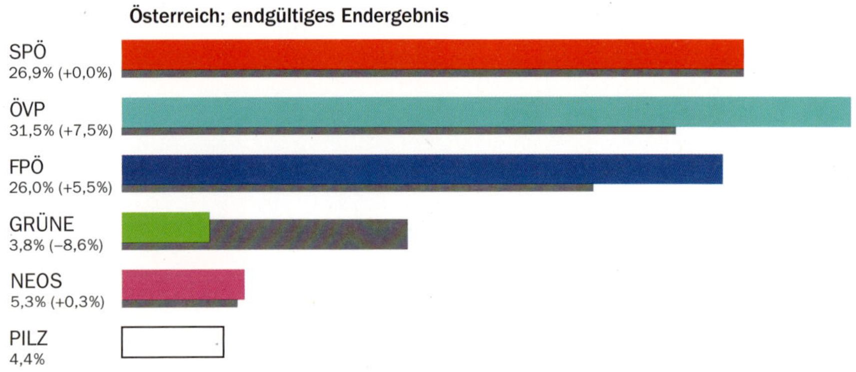

Daten nach: BM für Inneres; Entnommen aus: https://wahl17.bmi.gv.at (Stand: 4.4.2018)

Bestimme, wie viele Personen NEOS gewählt haben! Runde auf Tausender!

308 WS-R 1.1

In der folgenden Abbildung sind die Ergebnisse der Nationalratswahl 2013 (linksstehende Säulen) und der Nationalratswahl 2017 (rechtsstehende Säulen) dargestellt.

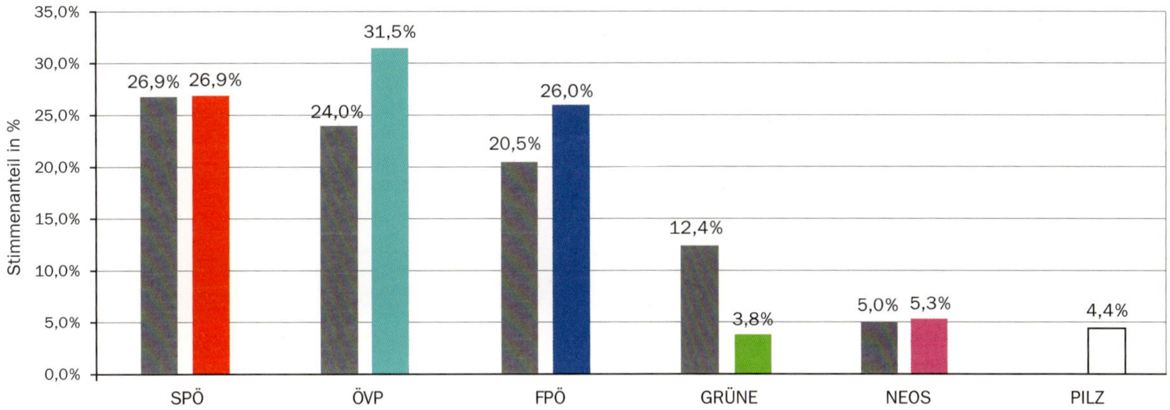

Daten nach: BM für Inneres; Entnommen aus: https://wahl17.bmi.gv.at (Stand: 14.6.2018)

Kreuze die zutreffende(n) Aussage(n) an!

Die FPÖ hat ihren Stimmenanteil von 2013 bis 2017 um 5,5% gesteigert.	☐
Der Stimmenanteil der GRÜNEN betrug 2017 nur etwa ein Drittel des Vergleichswertes aus dem Jahr 2013.	☐
Etwa drei von zehn gültigen Stimmen gingen bei der Nationalratswahl 2017 an die ÖVP.	☐
Der Stimmenanteil von NEOS war 2017 um 6% höher als 2013.	☐
Der Stimmenanteil der ÖVP hat von 2013 auf 2017 um mehr als ein Viertel zugenommen.	☐

309 WS-R 1.1

Zur Beurteilung der Altersstruktur einer Bevölkerung werden verschiedene Indizes berechnet:
Die Kinderabhängigenquote *KAQ* bezieht die noch nicht erwerbsfähige Bevölkerung (P_{0-14} = unter 15-Jährige) auf die erwerbsfähige Bevölkerung (P_{15-64}).

Es gilt: $KAQ = \frac{P_{0-14}}{P_{15-64}}$

Die Altenabhängigenquote setzt die Personen im Alter von 65 und mehr Jahren in Beziehung zur erwerbsfähigen Bevölkerung.

Die Abbildung zeigt die Entwicklung der beiden Abhängigenquoten von 1965 bis 2017.

Kreuze die zutreffende(n) Aussage(n) an!

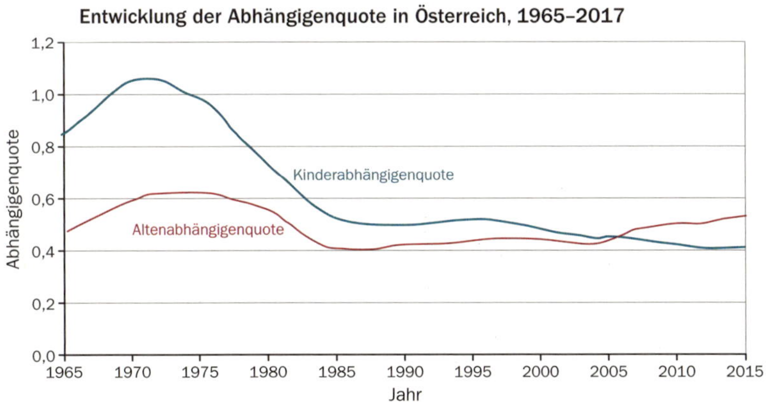

Im Jahr 1995 gab es in Österreich mehr Kinder und Jugendliche als Personen im Alter von 65 und mehr Jahren.	☐
Die Altenabhängigenquote steigt, wenn es mehr Personen im erwerbsfähigen Alter gibt.	☐
Auf 100 Personen im erwerbsfähigen Alter kamen 2015 etwa 40 Kinder und Jugendliche.	☐
Eine Abhängigenquote kann nicht negativ sein.	☐
2000 gab es um etwa 50% mehr Kinder und Jugendliche als Personen im erwerbsfähigen Alter.	☐

310 WS-R 1.1

Das Rauchen von Zigaretten erhöht nachweislich das Risiko von Lungenkrebs. Das Diagramm zeigt den Zusammenhang zwischen dem Zigarettenkonsum und der Sterberate durch Lungenkrebs.

Daten nach: Eurostat, 2018

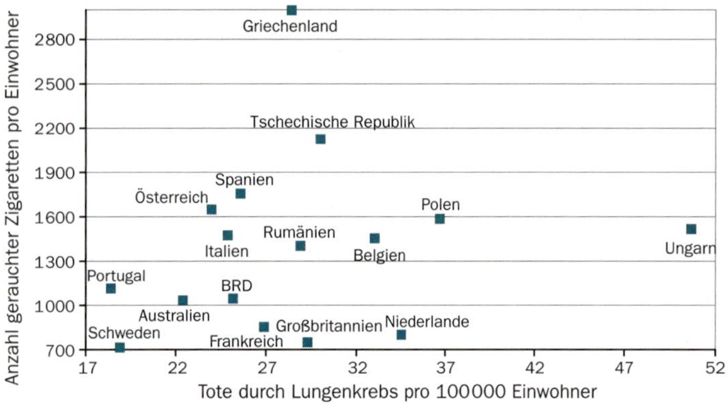

Gib an, welcher Staat den höchsten Zigarettenkonsum hat und wie groß die Sterberate durch Lungenkrebs in diesem Staat ist!

311 WS-R 1.1

Entscheide, ob die folgende Aussage richtig ist und begründe deine Entscheidung:

Der Anteil jener Personen, die mehr als 2,5 Stunden Sport pro Woche machen, ist in Finnland um 4,2 % höher als in Österreich.

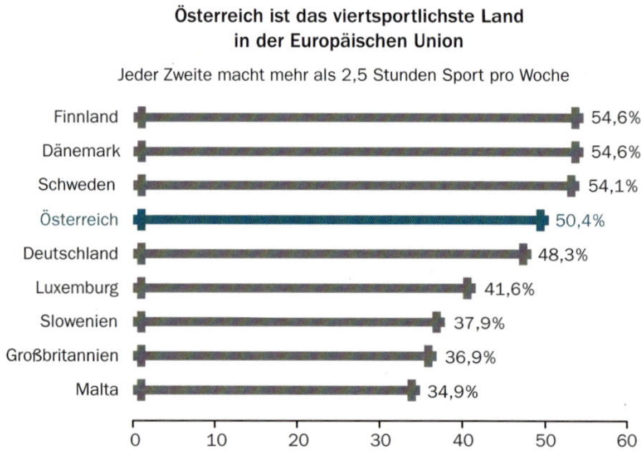

Bevölkerungszahl Österreich: 8,747 Millionen

Bevölkerungszahl Finnland: 5,495 Millionen

312 WS-R 1.1

Kreuze die zutreffende(n) Aussage(n) an!

Der Wunsch nach einem breiteren Angebot der amerikanischen Küche ist in Deutschland größer als in Großbritannien.	☐
In allen vier Nationen wünschen sich mehr als 20 % der Befragten ein größeres Angebot der heimschen Küche.	☐
Sicher mehr als die Hälfte der befragten Spanier hätte gerne mehr Angebot an gesundem Essen oder heimischer Küche.	☐
Jeder fünfte Spanier wünscht sich ein vielfältigeres Angebot an Gegrilltem.	☐
In Deutschland ist der Anteil jener, die sich mehr mexikanisches Essen wünschen, 4 Prozentpunkte kleiner als in Spanien.	☐

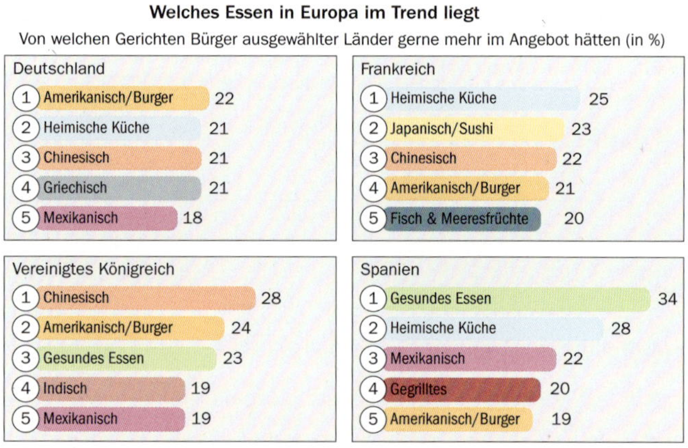

5.218 Befragte in Frankreich, Deutschland, Spanien und dem Vereinigten Königreich im März 2017; jeweils die top fünf Antworten von insgesamt 18 Kategorien
Daten nach: Dalia Research

Training: Diagramme

Ziel Einfache statistische Diagramme erstellen und interpretieren **WS-R 1.1–1.2**

313 WS-R 1.2

In einer Schule mit 600 Schülerinnen und Schülern wurde erhoben, wie die Jugendlichen ihren Schulweg zurücklegen. Die Ergebnisse sind im rechts stehenden Kreisdiagramm dargestellt.

Stelle das unten stehende Säulendiagramm mit den Ergebnissen der Umfrage fertig.

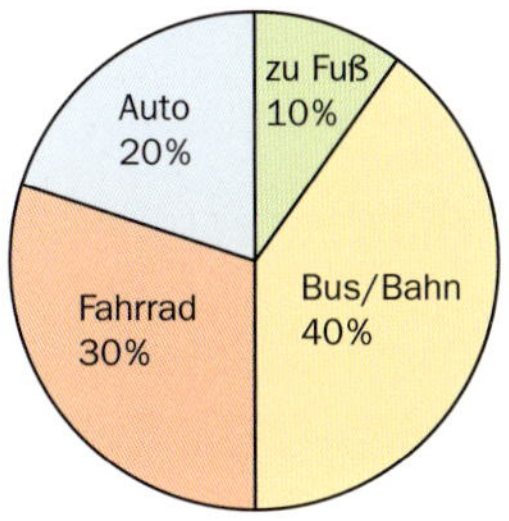

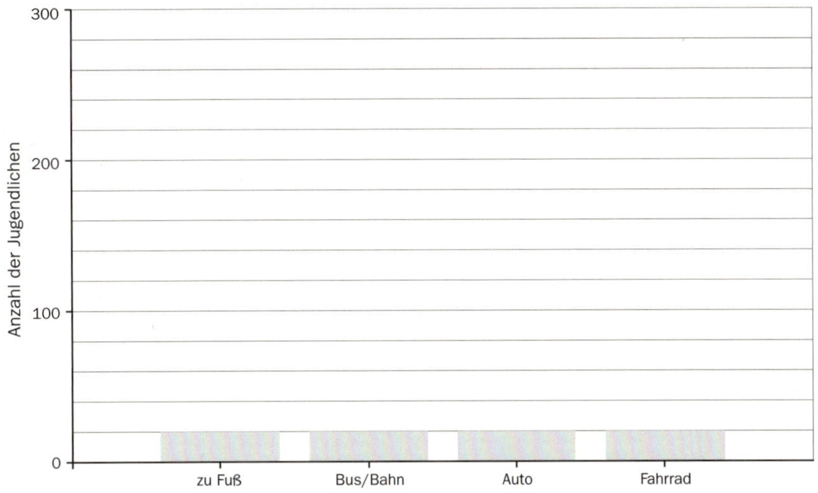

314 WS-R 1.2

Stelle in einem Balkendiagramm den Anteil der jeweiligen Tierart an den gesamten Versorgungskosten aller Tiere in Tierheimen dar.

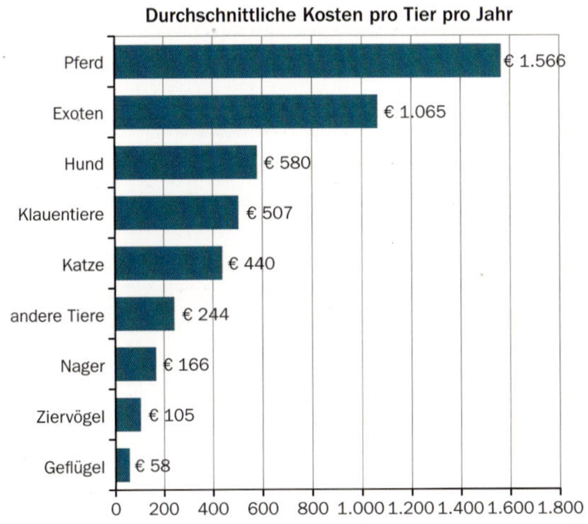

Tierart	Anzahl im Tierheim
Pferde	212
Exoten	4120
Hunde	2153
Klauentiere	394
Katzen	6786
andere Tiere	2155
Nager	1712
Ziervögel	1173
Geflügel	924

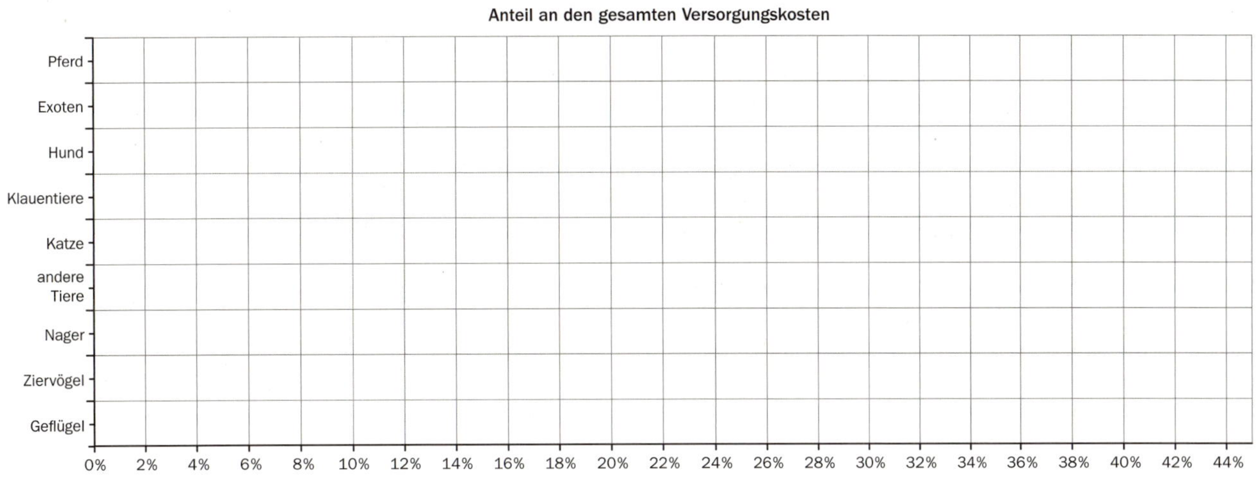

315 WS-R 1.1

Die nachstehenden Stängel-Blatt-Diagramme zeigen die Anzahl der Fahrgäste je Zugfahrt auf zwei unterschiedlichen Routen *A* und *B*.

In den Diagrammen ist die Einheit des Stängels 10, die des Blattes 1.

Route *A*

1	7 7 8 9
2	1
3	0 2
4	3 5 7
5	0 1 3
6	7 9

Route *B*

2	1
3	6 7 7 8
4	2 3 3 5
5	0 1 5 9
6	1
7	2

Kreuze die zutreffende(n) Aussage(n) an!

Die Spannweite der Anzahl der Fahrgäste ist bei beiden Routen gleich groß.	☐
Die Gesamtanzahl der Fahrgäste war bei Route *B* größer als bei Route *A*.	☐
Für die Erstellung der Stängel-Blatt-Diagramme wurde je 15 Mal bestimmt, wie viele Personen der Zug befördert.	☐
Auf beiden Routen gab es eine Fahrt mit exakt 21 Fahrgästen.	☐
Route *A* wird stärker nachgefragt als Route *B*.	☐

6.3 Klasseneinteilung – Histogramm

Ziel Statistische Daten in Klassen einteilen **WS-R 1.1–1.2**

316 WS-R 1.2

Bei einer Verkehrszählung wurde in mehreren Zeitintervallen festgestellt, wie viele Fahrzeuge an einer bestimmten Stelle einer Hauptstraße vorbeifahren.

Zeitintervall	12–14 Uhr	14–16 Uhr	16–17 Uhr
Anzahl der Fahrzeuge	200	300	250

Stelle die Daten der obigen Tabelle durch ein Histogramm dar! Dabei sollen die absoluten Häufigkeiten als Flächeninhalte von Rechtecken abgebildet werden.

317 WS-R 1.2

Der Wohlstand eines Landes kann durch die Zahl der PKW pro 1 000 Einwohner beschrieben werden. Die Werte von 32 Ländern sind in der Tabelle dargestellt.

Anzahl der PKW *p* pro 1 000 Einwohnern	$0 < p \leq 200$	$200 < p \leq 300$	$300 < p \leq 400$	$400 < p \leq 500$	$500 < p \leq 700$
Anzahl der Länder	5	6	6	9	6

Stelle die Daten der obigen Tabelle durch ein Histogramm dar! Dabei sollen die absoluten Häufigkeiten als Flächeninhalte von Rechtecken abgebildet werden.

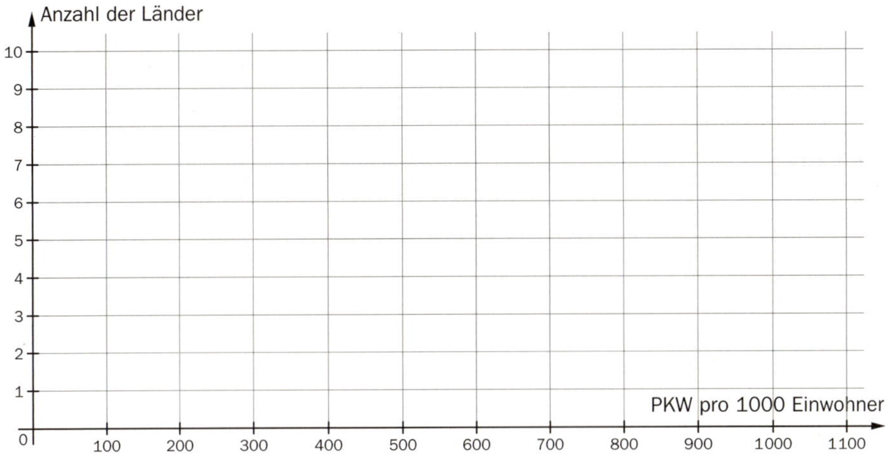

6.4 Kennzahlen der beschreibenden Statistik

Ziel Statistische Kennzahlen ermitteln, interpretieren und vergleichen **WS-R 1.3–1.4**

318
WS-R 1.3

Gegeben ist die folgende Urliste: 4, 6, 7, 3, 8, 12, 10, 15, 19, 16
Bestimme das arithmetische Mittel $\bar{x}$ sowie den Median $\tilde{x}$!

$\bar{x}$ = ______________________

$\tilde{x}$ = ______________________

319
WS-R 1.3

In Niederösterreich findet jedes zweite Jahr eine Landesausstellung statt. Das Diagramm zeigt, wie viele Personen die jeweilige Ausstellung besucht haben:

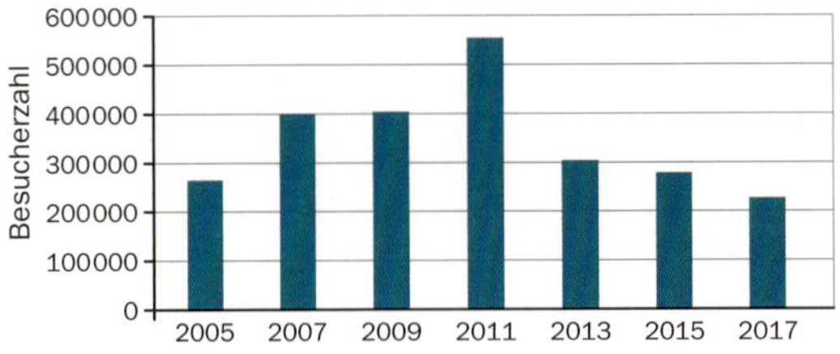

Daten nach: Wikipedia, 2018

Kreuze die zutreffende(n) Aussage(n) an!

Im dargestellten Zeitintervall waren auf jeder Landesausstellung mehr als 200 000 Besucherinnen und Besucher.	☐
Im Jahr 2005 war die Anzahl der Besucherinnen und Besucher geringer als in den übrigen Jahren.	☐
Betrachtet man die Besucherzahlen von 2005 bis 2017, so entspricht die Besucherzahl im Jahr 2013 dem Median.	☐
Der arithmetische Mittelwert der Besucherzahlen im dargestellten Zeitintervall ist höher als der Median.	☐
Die Spannweite der Besucherzahlen ist größer als 300 000.	☐

320
WS-R 1.3

Gegeben ist eine geordnete Liste von Daten: 1, 1, 2, 3, 4, 4, 6
Kreuze die zutreffende(n) Aussage(n) an!

Der Modus ist eindeutig bestimmt.	☐
Median und arithmetisches Mittel sind gleich groß.	☐
Das arithmetische Mittel ist gleich einem der Messwerte.	☐
Die Spannweite verringert sich, wenn man das Maximum aus der Datenliste entfernt.	☐
Die Standardabweichung ist kleiner als 3.	☐

321 WS-R 1.3

Gegeben ist eine Klimatabelle für Litauen. Sie enthält für jedes Monat die durchschnittliche Anzahl der täglichen Sonnenstunden sowie die Anzahl der Regentage. Alle diese Angaben beruhen auf langjährigen Beobachtungen.

Monat	01	02	03	04	05	06	07	08	09	10	11	12
Sonnenstunden	1	2	5	7	9	9	9	8	6	3	1	1
Regentage	19	15	12	13	12	13	14	15	16	16	17	18

Kreuze die beiden zutreffenden Aussagen an!

Die Spannweite der Regentage beträgt 18.	☐
Der Median der Regentage pro Monat beträgt 15.	☐
Der Modus der täglichen Sonnenstunden ist nicht eindeutig.	☐
Der Median der täglichen Sonnenstunden beträgt 9.	☐
Das arithmetische Mittel der täglichen Sonnenstunden liegt bei etwa 7.	☐

322 WS-R 1.4

In einer Maturaklasse wurden die Körpergrößen der Burschen ermittelt.
Dabei ergab sich folgende geordnete Urliste (Maße in cm):

163, 166, 166, 167, 168, 168, 169, 170, 170, 171, 171, 173, 175, 203

Beschreibt der Median oder das arithmetische Mittel die mittlere Körpergröße der Burschen der Maturaklasse besser? Begründe deine Antwort!

323 WS-R 1.3

Lukas hat das arithmetische Mittel seiner monatlichen Ausgaben im Zeitraum Jänner bis einschließlich Oktober mit 35 € ermittelt. Im November gibt er 25 € und im Dezember 75 € aus.

Bestimme den Mittelwert seiner monatlichen Ausgaben auf das ganze Jahr bezogen!

$\bar{x}$ = ____________________ €

324 WS-R 1.3

Ein Unternehmen beschäftigt acht Frauen und 17 Männer. Die Angestellten verdienen durchschnittlich 2 315 € monatlich. Das durchschnittliche Monatsgehalt (arithmetisches Mittel) der in der Firma beschäftigten Frauen beträgt 1 920 €.

Berechne das durchschnittliche Monatsgehalt der in dieser Firma beschäftigten Männer!

325 WS-R 1.3

Ein Unternehmen beschäftigt 150 Mitarbeiter, die – wie im Kreisdiagramm ersichtlich – unterschiedlichen Abteilungen zuzuordnen sind. Die Tabelle zeigt das durchschnittliche Nettomonatseinkommen (arithmetisches Mittel) für jeden Bereich.

	arithmetisches Mittel der monatlichen Nettoeinkommen
☐ Geschäftsführung	4 872 €
☐ Personalabteilung	1 803 €
☐ Rechnungswesen	2 340 €
☐ Marketing/Verkauf	2 369 €
☐ Verwaltung	1 342 €
☐ Einkauf	2 115 €

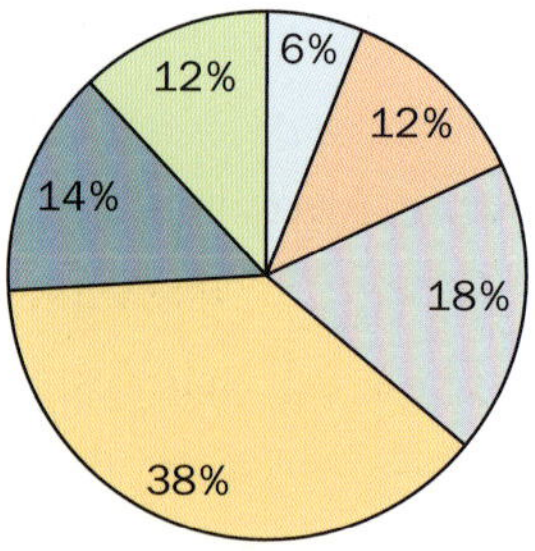

Ermittle das durchschnittliche monatliche Nettoeinkommen aller Beschäftigten!

326 WS-R 1.4

Welche der folgenden Eigenschaften treffen auf das arithmetische Mittel zu?
Kreuze die zutreffende(n) Aussage(n) an!

Das arithmetische Mittel wird auch Modalwert genannt.	☐
Alle Werte der Datenreihe liegen im Intervall $[\bar{x} - \sigma; \bar{x} + \sigma]$.	☐
Das arithmetische Mittel kann durch Ausreißer stark beeinflusst werden.	☐
Die Berechnung des arithmetischen Mittels ist für alle Arten von Daten sinnvoll.	☐
Multipliziert man das arithmetische Mittel mit der Anzahl der Messwerte, so erhält man die Summe der Messwerte.	☐

327 WS-R 1.4

Gegeben sind mehrere Aussagen zu einer Stichprobe mit Stichprobenumfang 100.
Kreuze die beiden zutreffenden Aussagen an!

Das arithmetische Mittel reagiert wenig oder gar nicht auf Ausreißer.	☐
Der Median der Stichprobe ist sicher ein Wert der Datenliste.	☐
Die Standardabweichung gibt an, wie stark die Daten um das arithmetische Mittel streuen.	☐
Entfernt man das Maximum aus der Datenliste, so wird der Median auf jeden Fall kleiner.	☐
Vergrößert man das Maximum, so bleibt der Median unverändert.	☐

328 WS-R 1.4

Gegeben ist eine Liste von Daten $x_1, x_2, \ldots, x_{10}$ mit $x_1 < x_2 < \ldots < x_{10}$.
Begründe, warum $\tilde{x} = \frac{x_5 + x_6}{2}$.

329 WS-R 1.4

Ergänze die Textlücken im folgenden Satz durch Ankreuzen der jeweils richtigen Satzteile so, dass eine mathematisch korrekte Aussage entsteht!

Addiert man zu jedem Wert einer Urliste dieselbe Zahl $a > 0$, so bewirkt dies, dass das arithmetische Mittel ______ ① ______ und die Standardabweichung ______ ② ______.

①	
kleiner wird	☐
gleich bleibt	☐
größer wird	☐

②	
kleiner wird	☐
gleich bleibt	☐
größer wird	☐

330 WS-R 1.4

Von einer Datenliste $x_1, x_2, \ldots, x_n$ kennt man das arithmetische Mittel sowie die Standardabweichung.
Es gilt: $\bar{x} = 20$ und $s_x = 3$
Die Werte einer zweiten Datenreihe $y_1, y_2, \ldots, y_n$ entstehen, indem man von den Werten der ersten Datenliste jeweils 5 subtrahiert, d. h. $y_1 = x_1 - 5$, $y_2 = x_2 - 5$ usw.
Gib den Mittelwert $\bar{y}$ sowie die Standardabweichung s_y der zweiten Datenreihe an!

$\bar{y}$ = ____________________ s_y = ____________________

331 WS-R 1.3

Das Diagramm zeigt die Verteilung der Punkte bei einer schriftlichen Überprüfung.
Kreuze die zutreffende(n) Aussage(n) an!

Der Median ist höher als das arithmetische Mittel.	☐
Hätte die schlechteste Schülerin bzw. der schlechteste Schüler um einen Punkt mehr, so würde sich der Klassendurchschnitt erhöhen.	☐
Hätte der/die Beste um einen Punkt mehr, so wäre der Klassendurchschnitt höher.	☐
Hätten alle Schülerinnen und Schüler um einen Punkt mehr, so würde sich die Standardabweichung erhöhen.	☐
Hätte der/die Beste um einen Punkt mehr, so würde sich die Standardabweichung erhöhen.	☐

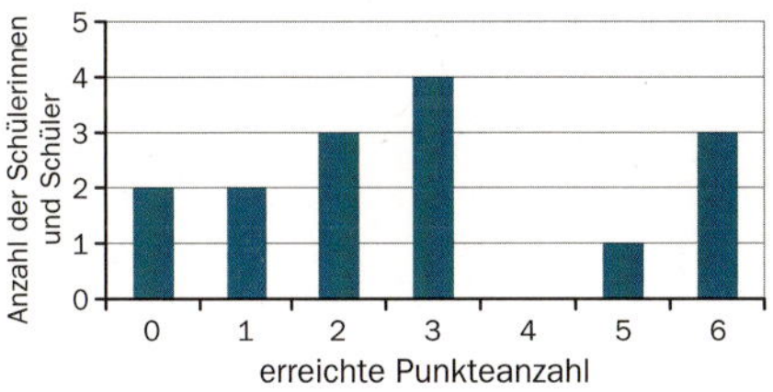

6.5 Quartile und Boxplot

Ziel Einen Boxplot zeichnen und interpretieren **WS-R 1.2–1.4**

332
WS-R 1.3

Von *Eurostat*, dem statistischen Zentralamt der Europäischen Union, wurden Daten über die Verbraucherpreisniveaus im Jahr 2016 veröffentlicht (siehe Abbildung): Den höchsten Preisniveauindex für Verbrauchsgüter und Dienstleistungen hatte im Jahr 2016 Dänemark – er lag bei 139 % des EU-Durchschnitts.

Der österreichische Preisniveauindex betrug 107.

Preisniveauindizes für Verbrauchsgüter und Dienstleistungen im Jahr 2016 (EU = 100)

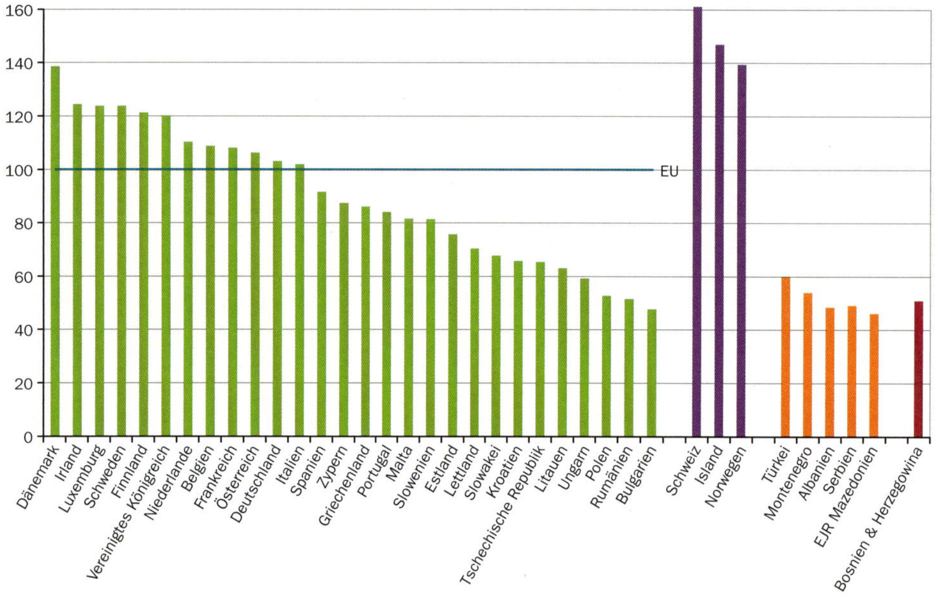

Lies aus der Grafik ab, bei welchem EU-Land/zwischen welchen EU-Ländern das 1. Quartil der Preisniveauindizes der Europäischen Union liegt, und interpretiere das Ergebnis.

333
WS-R 1.3

Bei einem Konsumententest werden zwei Arten von Tablets *A* und *B* verglichen. Beide Geräte werden von den Testerinnen und Testern mit jeweils mit 0 bis 50 Punkten bewertet. In den Kastenschaubildern sind die Ergebnisse des Tests dargestellt.

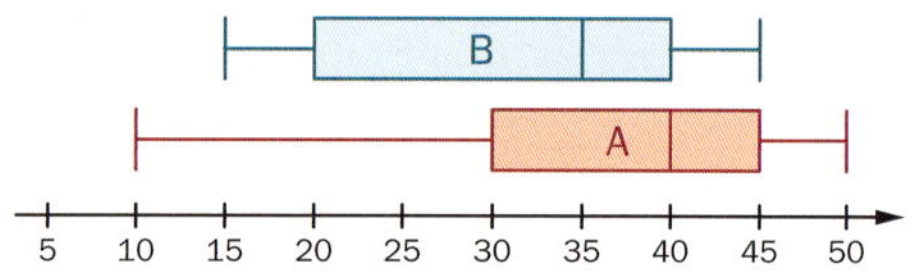

Kreuze die beiden richtigen Aussagen an!

Die Ergebnisse von Tablet *B* streuen stärker als jene von *A*.	☐
Die erreichte Mindestpunktezahl ist bei *B* höher als bei *A*.	☐
Ca. 50 % der Befragten bewerteten Marke *A* mit 30 bis 45 Punkten.	☐
Ca. 50 % der Befragten bewerteten Marke *B* mit 35 Punkten.	☐
Ca. 25 % der Befragten bewerteten Marke *B* mit höchstens 40 Punkten.	☐

334
WS-R 1.4

Ergänze die Textlücken im folgenden Satz durch Ankreuzen der jeweils richtigen Satzteile so, dass eine mathematisch korrekte Aussage entsteht!

Die Breite der Box in einem Boxplot ist gegeben durch ______ ① ______.

Die senkrechte Linie innerhalb der Box ist gegeben durch ______ ② ______.

①	
die Spannweite	☐
den Quartilsabstand	☐
die Standardabweichung	☐

②	
den Zentralwert	☐
den Modus	☐
das arithmetische Mittel	☐

335 VS-R 1.4

Eine Aufgabe bei einer Schularbeit wird von einer Klasse unterschiedlich gut gelöst. Die von den einzelnen Schülerinnen und Schülern erreichten Punkte sind im folgenden Kastenschaubild dargestellt.

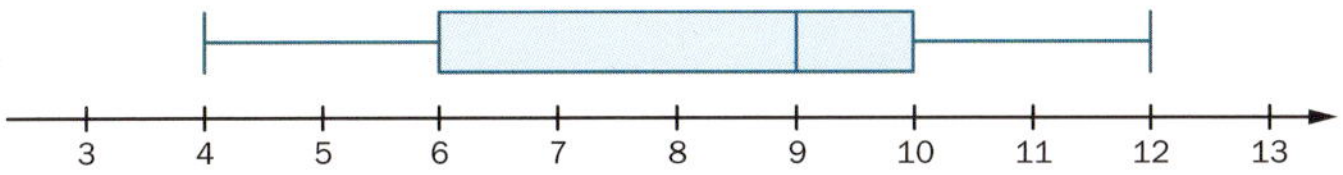

Kreuze die beiden zutreffenden Aussagen an!

In der Klasse sind mindestens 12 Schülerinnen und Schüler.	☐
Etwa 25 % aller Schülerinnen und Schüler erreichten 10 Punkte oder mehr.	☐
Mindestens ein Schüler bzw. eine Schülerin erreichte die volle Punkteanzahl.	☐
Etwa die Hälfte aller Schülerinnen und Schüler erreichte 9 Punkte oder mehr.	☐
Genau die Hälfte aller Schülerinnen und Schüler erreichte 6 bis 10 Punkte.	☐

336 VS-R 1.4

Die Firmen A bis F beschäftigen jeweils 11 Angestellte. Die Zahlen in den einzelnen Tabellen geben an, seit wie vielen Jahren diese Angestellten in der jeweiligen Firma bereits beschäftigt sind.
Ordne jedem Kastenschaubild die entsprechenden Daten (aus A bis F) zu!

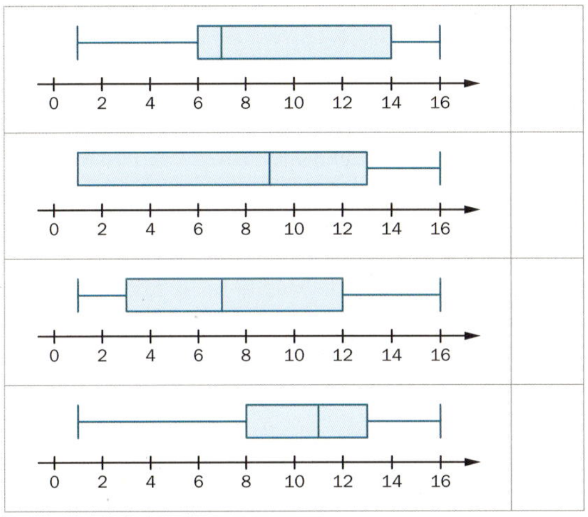

A	1,	1,	3,	5,	7,	7,	10,	12,	12,	14,	16
B	1,	2,	3,	5,	7,	8,	9,	12,	12,	14,	16
C	1,	1,	1,	4,	4,	9,	9,	10,	13,	13,	16
D	1,	5,	8,	8,	9,	11,	11,	11,	13,	15,	16
E	1,	3,	6,	6,	7,	10,	10,	11,	14,	14,	19
F	1,	3,	6,	6,	6,	7,	10,	11,	14,	14,	16

337 VS-R 1.2

Ein Jugendlicher notiert 30 Tage lang, wie viele SMS er an den einzelnen Tagen geschrieben hat. Die entsprechenden Zahlen sind im folgendem Stängel-Blatt-Diagramm dargestellt.

1	5 5 5 9
2	0 7 7 8 9 9
3	0 1 1 1 3 3 5 7 7 7 8 9 9
4	0 0 2 2 8
5	2 4

Stelle die angegebenen Zahlen für die Anzahl der geschriebenen SMS in einem Kastenschaubild dar!

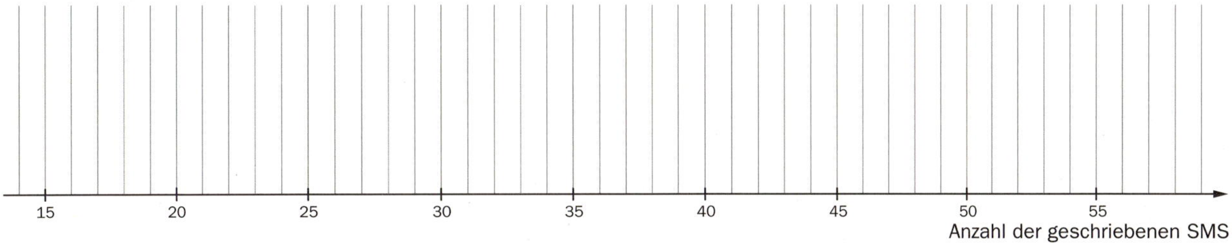

7. Vektoren im $\mathbb{R}^n$ und Gleichungssysteme

7.1 Vektoren als Zahlentupel

Ziel Rechnen mit und Interpretieren von Zahlentupeln **AG-R 3.1, 3.3**

338
AG-R 3.3

Ein Unternehmen verkauft fünf Produkte. In der Tabelle sind der Nettopreis pro Stück sowie die Verkaufszahlen für ein bestimmtes Monat angegeben.

Die Zahlen in den Spalten der Tabelle können als Vektoren angeschrieben werden. Der Vektor $\vec{V}$ enthält die Verkaufszahlen, der Vektor $\vec{N}$ die Nettopreise.

	Verkaufszahl	Nettopreis
Ware 1	6720	4200
Ware 2	3580	6500
Ware 3	284	880
Ware 4	674	540
Ware 5	8560	140

20 Prozent des Nettopreises der verkauften Waren müssen als Mehrwertsteuer an das Finanzamt abgeführt werden. Gib dafür einen Ausdruck mithilfe der Vektoren $\vec{V}$ und $\vec{N}$ an!

abgeführte Mehrwertsteuer = ____________________

339
AG-R 3.3

In einem Wertpapierdepot kann täglich der aktuelle Kurswert aller Aktien abgerufen werden.

Im Vektor $\vec{w} = \begin{pmatrix} w_1 \\ w_2 \\ w_3 \\ w_4 \\ w_5 \end{pmatrix}$ sind die Kurswerte von fünf Aktien aufgelistet. Der Vektor $\vec{a} = \begin{pmatrix} a_1 \\ a_2 \\ a_3 \\ a_4 \\ a_5 \end{pmatrix}$ gibt jeweils die Anzahl der fünf Aktien an, die sich in diesem Wertpapierdepot befinden.

Interpretiere den Term $\vec{a} \cdot \vec{w}$ im Kontext.

340
AG-R 3.3

In einer Wohngemeinschaft zahlen drei Mitbewohner unterschiedlich viel Miete. Die jeweilige Monatsmiete (in €) pro Person ist im Vektor $\vec{m} = \begin{pmatrix} m_1 \\ m_2 \\ m_3 \end{pmatrix}$ zusammengefasst.

Interpretiere den Term $\vec{m} \cdot \begin{pmatrix} 1 \\ 1 \\ 1 \end{pmatrix}$ im Kontext.

341
AG-R 3.3

Beton wird aus Kies, Zement und Wasser gemischt.
Der Vektor $\vec{m}$ fasst die relativen Mengenverhältnisse in der Reihenfolge Kies – Zement – Wasser einer geeigneten Mischung zusammen: $m_1 = 0{,}73$ bedeutet, dass Beton zu 73 % aus Kies besteht.
Der Vorratsvektor $\vec{v}$ gibt an, wie viel kg Kies, Zement und Wasser am Morgen eines Arbeitstages auf einer Baustelle vorhanden sind.
Insgesamt werden an diesem Tag 1,5 Tonnen Beton benötigt.

$\vec{m} = \begin{pmatrix} 0{,}73 \\ 0{,}18 \\ 0{,}09 \end{pmatrix}$ $\vec{v} = \begin{pmatrix} 8000 \\ 1500 \\ 200 \end{pmatrix}$

Berechne $\vec{v} - 1500 \cdot \vec{m}$ und interpretiere das Ergebnis im Kontext!

342
AG-R 3.3

Eine Bäckerei verkauft vier Brotsorten und beliefert drei Filialen. Wie viel kg Brot der einzelnen Sorten an einem bestimmten Tag an die jeweilige Filiale geliefert wurde, wird in den Vektoren

$F_1 = \begin{pmatrix} a_1 \\ b_1 \\ c_1 \\ d_1 \end{pmatrix}$, $F_2 = \begin{pmatrix} a_2 \\ b_2 \\ c_2 \\ d_2 \end{pmatrix}$ und $F_3 = \begin{pmatrix} a_3 \\ b_3 \\ c_3 \\ d_3 \end{pmatrix}$ zusammengefasst.

Erkläre, was der Ausdruck $(F_1 + F_2 + F_3) \cdot \begin{pmatrix} 1 \\ 1 \\ 1 \\ 1 \end{pmatrix}$ in diesem Zusammenhang bedeutet!

343
AG-R 3.3

Gegeben sind zwei Vektoren $\vec{a}, \vec{b} \in \mathbb{R}^3$ mit $\vec{a} = \begin{pmatrix} 2 \\ -1 \\ -2 \end{pmatrix}$ und $\vec{b} = -\vec{a}$.
Kreuze die zutreffende(n) Aussage(n) an!

$\vec{a} + \vec{b} = 0$	☐
$\vec{a} - \vec{b} = -\vec{b} + \vec{a}$	☐
$a - \vec{b} = -(\vec{b} - \vec{a})$	☐
$\vec{a} \cdot \vec{b} = -9$	☐
$\vec{a} \cdot \vec{a} = \vec{b} \cdot \vec{b}$	☐

7.2 Vektoren als Punkte und Pfeile

Ziel Vektoren geometrisch deuten — AG-R 3.2–3.3, AG-L 3.7

344
AG-R 3.2

Von einer geraden quadratischen Pyramide kennt man die Eckpunkte der Grundfläche:
$A = (4|0|1)$, $B = (4|4|1)$, $C = (0|4|1)$, $D = (0|0|1)$
Bestimme die Koordinaten der Spitze S, wenn die Pyramide 5 E hoch ist!

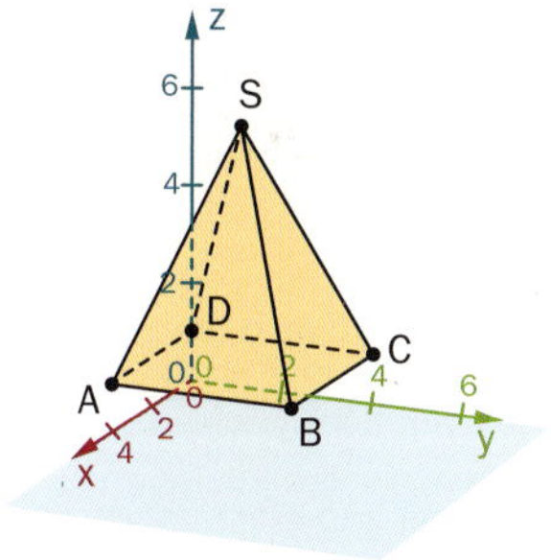

S = (___|___|___)

345
AG-R 3.2

Gegeben ist ein Quader mit quadratischer Grundfläche. Der Punkt A des Quaders liegt im Koordinatenursprung. Der Punkt F hat die Koordinaten $F = (3|-3|4)$.
Gib den Vektor $\overrightarrow{CH}$ an.

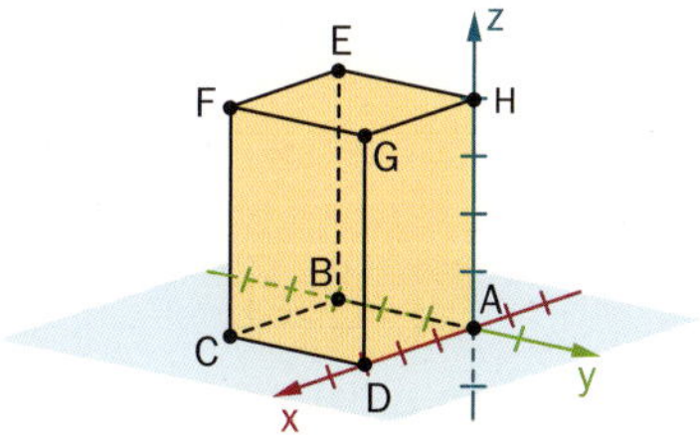

$\overrightarrow{CH}$ = ____________________

346 AG-R 3.3

Die Abbildung zeigt zwei Würfel, die aufeinander gestapelt wurden.
Kreuze die zutreffende(n) Aussage(n) an!

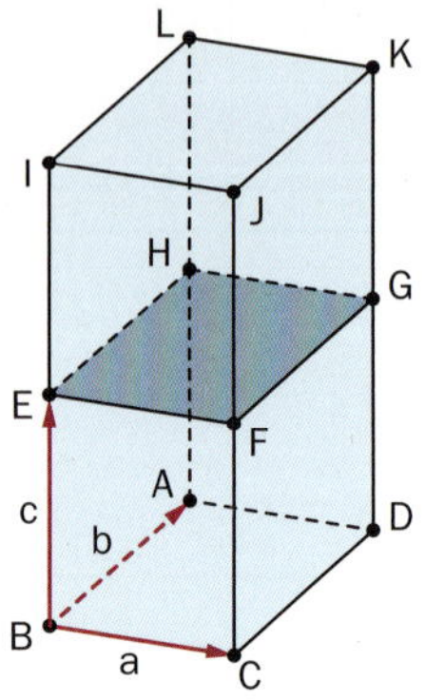

$\lvert\vec{a}\rvert = \lvert\vec{b}\rvert = \lvert\vec{c}\rvert$	☐
$L = B + \vec{b} + 2\vec{c}$	☐
$G = D - \frac{1}{2}\overrightarrow{LA}$	☐
$\vec{a} + \vec{b} + \vec{c} = 0$	☐
$\vec{a} \cdot \vec{b} = \vec{c}$	☐

347 AG-R 3.3

Ein Radfahrer startet im Punkt $A = (4|3|-2)$ eines geeignet gewählten Koordinatensystems und bewegt sich pro Sekunde um den Vektor $\begin{pmatrix}-4\\-5\\3\end{pmatrix}$ (Maße in m) geradlinig weiter.

Berechne, mit welcher Geschwindigkeit v der Radfahrer unterwegs ist!

$v \approx$ ______________________ m/s

348 AG-R 3.2

Gegeben sind die Vektoren $\vec{a} = \begin{pmatrix}4\\-2\\-1\end{pmatrix}$ und $\vec{b} = \begin{pmatrix}2\\-1\\z\end{pmatrix}$. Ermittle den Wert z so, dass die beiden Vektoren parallel sind!

$z =$ ______________________

349 AG-R 3.3

Gegeben sind die Vektoren $\vec{a} = \begin{pmatrix}1\\1\\1\end{pmatrix}$ und $\vec{b} = \begin{pmatrix}-3\\-3\\-3\end{pmatrix}$.

Kreuze die zutreffende(n) Aussage(n) an!

$\vec{a}$ hat Länge 1.	☐
$\vec{b}$ ist dreimal so lang wie $\vec{a}$.	☐
$\vec{a}$ ist kürzer als $\vec{b}$.	☐
$\vec{a}$ und $\vec{b}$ sind parallel.	☐
$3\lvert\vec{a}\rvert = \lvert\vec{b}\rvert$	☐

350 AG-L 3.7

Berechne einen Einheitsvektor zum Vektor $\vec{a} = \begin{pmatrix}-4\\3\\5\end{pmatrix}$.

$\vec{a}_0 =$ ______________________

351 AG-L 3.7

Der Vektor $\vec{a}_0$ ist ein beliebiger Einheitsvektor zu einem Vektor $\vec{a}$ im Raum.
Kreuze die beiden zutreffenden Aussagen an!

$\vec{a}_0$ ist parallel zu $\vec{a}$.	☐
$\vec{a}_0$ steht normal auf $\vec{a}$.	☐
$\vec{a}_0$ ist kürzer als $\vec{a}$.	☐
Die Länge von $\vec{a}_0$ ist unabhängig von der Länge von $\vec{a}$.	☐
$\vec{a}_0$ hat die gleiche Orientierung wie $\vec{a}$.	☐

7.3 Skalares und vektorielles Produkt im geometrischen Kontext

Ziel Produkte mit Vektoren berechnen und geometrisch interpretieren **AG-R 3.3, AG-L 3.6, 3.8**

352
AG-R 3.3

Gegeben sind die Vektoren $\vec{a} = \begin{pmatrix} 4 \\ -2 \\ -1 \end{pmatrix}$ und $\vec{b} = \begin{pmatrix} 2 \\ -1 \\ z \end{pmatrix}$. Ermittle den Wert z so, dass die beiden Vektoren normal aufeinander stehen!

$z =$ ____________________

353
AG-R 3.3

Gegeben sind die Vektoren $\vec{a} = \begin{pmatrix} 2 \\ 7 \\ 5 \end{pmatrix}$ und $\vec{b} = \begin{pmatrix} 8 \\ 2 \\ -3x \end{pmatrix}$ mit $x \in \mathbb{R}$

Bestimme die Unbekannte x so, dass die beiden Vektoren $\vec{a}$ und $\vec{b}$ normal aufeinander stehen.

$x =$ ____________________

354
AG-R 3.3

Bestimme den Wert von r so, dass die Vektoren $\vec{a} = \begin{pmatrix} 1 \\ r \\ 5 \end{pmatrix}$ und $\vec{b} = \begin{pmatrix} 14 \\ -3 \\ 2r \end{pmatrix}$ normal aufeinander stehen.

$r =$ ____________________

355
AG-R 3.3

Gegeben sind die Vektoren

$\vec{a} = \begin{pmatrix} 2 \\ 1 \\ 2 \end{pmatrix}$ und $\vec{b} = \begin{pmatrix} 1 \\ 2 \\ -2 \end{pmatrix}$.

Kreuze die beiden zutreffenden Aussagen an!

$\vec{a}$ und $\vec{b}$ sind parallel.	☐
$\vec{a}$ ist länger als $\vec{b}$.	☐
$\vec{a} \cdot \vec{b} = \begin{pmatrix} 0 \\ 0 \\ 0 \end{pmatrix}$	☐
$\vec{a}$ und $\vec{b}$ stehen normal aufeinander.	☐
$\lvert\vec{a}\rvert = \lvert\vec{b}\rvert$	☐

356
AG-R 3.3

Durch die Punkte $A = (1\vert 2\vert 4)$, $B = (-3\vert -1\vert 2)$ und $C = (3\vert 0\vert 2)$ wird das dargestellte Dreieck im Raum aufgespannt.

Entscheide, ob das Dreieck ABC rechtwinklig ist. Begründe deine Entscheidung durch eine Rechnung!

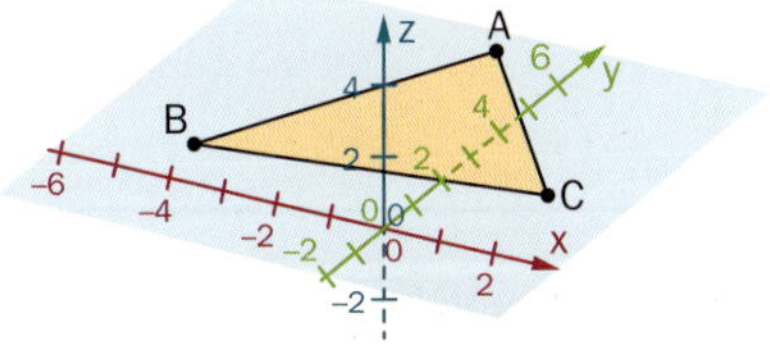

357
AG-L 3.6

Berechne den Winkel φ zwischen den beiden Vektoren $\vec{a} = \begin{pmatrix} 8 \\ -2 \\ 1 \end{pmatrix}$ und $\vec{b} = \begin{pmatrix} 3 \\ 5 \\ 2 \end{pmatrix}$.

$\varphi \approx$ ____________________ °

358 AG-L 3.6

Die Seitenvektoren eines Dreieck *ABC* sind gegeben: $\overrightarrow{AB} = \begin{pmatrix} 1 \\ 6 \\ -2 \end{pmatrix}$, $\overrightarrow{AC} = \begin{pmatrix} -12 \\ -1 \\ 5 \end{pmatrix}$, $\overrightarrow{BC} = \begin{pmatrix} -13 \\ -7 \\ 7 \end{pmatrix}$

Begründe rechnerisch, dass es sich um ein stumpfwinkliges Dreieck handelt.

359 AG-L 3.8

Bestimme die Koordinaten eines Vektors $\vec{c} \neq \vec{o}$, der auf $\vec{a} = \begin{pmatrix} 1 \\ 2 \\ 0 \end{pmatrix}$ und $\vec{b} = \begin{pmatrix} -2 \\ 0 \\ 1 \end{pmatrix}$ normal steht!

$\vec{c} =$ ____________________

360 AG-L 3.8

Für zwei Vektoren $\vec{a}$ und $\vec{b}$ im Raum, die nicht parallel zueinander liegen, gilt allgemein $\vec{a} \cdot (\vec{a} \times \vec{b}) = 0$.
Begründe, dass diese Gleichung allgemein gilt, indem du sie geometrisch interpretierst.

7.4 Geradengleichung

Ziel Geradengleichung in Parameterdarstellung verständig einsetzen **AG-R 3.4, AG-L 3.6**

361 AG-R 3.4

Gegeben sind die Punkte $A = (1|-1|0)$ und $B = (3|-2|-3)$.
Gib die Gerade $g[A, B]$ in Parameterdarstellung an!

g: $X =$ ____________________

362 AG-R 3.4

Gegeben sind der Punkt $A = (4|0|1)$ und die Gerade g, die durch die Punkte $P = (0|-4|5)$ und $Q = (9|5|-4)$ führt.
Überprüfe rechnerisch, ob der Punkt A auf der Geraden g liegt.

363 AG-R 3.4

Gegeben ist die Gerade g: $X = \begin{pmatrix} 4 \\ 2 \\ 4 \end{pmatrix} + t \cdot \begin{pmatrix} 2 \\ 1 \\ 2 \end{pmatrix}$.

Die folgenden Gleichungen sind ebenfalls Parameterdarstellungen von Geraden. Eine oder mehrere sind identisch mit der Geraden g.

Kreuze die entsprechende(n) Geradengleichung(en) an!

$X = \begin{pmatrix} 4 \\ 2 \\ 4 \end{pmatrix} + t \cdot \begin{pmatrix} 4 \\ 2 \\ 4 \end{pmatrix}$	☐
$X = \begin{pmatrix} 2 \\ 1 \\ 2 \end{pmatrix} + t \cdot \begin{pmatrix} 3 \\ 2 \\ 3 \end{pmatrix}$	☐
$X = \begin{pmatrix} 2 \\ 1 \\ 2 \end{pmatrix} + t \cdot \begin{pmatrix} 2 \\ 1 \\ 2 \end{pmatrix}$	☐
$X = t \cdot \begin{pmatrix} 2 \\ 1 \\ 2 \end{pmatrix}$	☐
$X = t \cdot \begin{pmatrix} 4 \\ 2 \\ 4 \end{pmatrix}$	☐

364 AG-R 3.4

Die Punkte A, B und C liegen auf einer Geraden.
Kreuze die beiden zutreffenden Aussagen an!

$C = A + t \cdot \overrightarrow{AB}$ für ein $t \in \mathbb{R}$	☐
Für alle $t \in \mathbb{R}$ gilt: $B = A + t \cdot \overrightarrow{AC}$	☐
$\overrightarrow{AB} \parallel \overrightarrow{AC}$	☐
$\overrightarrow{AC} \perp \overrightarrow{BC}$	☐
$A + t \cdot \overrightarrow{AB} = B + t \cdot \overrightarrow{BC}$	☐

365 AG-R 3.4

Entscheide, ob die Geraden $g\colon X = \begin{pmatrix} 2 \\ 0 \\ -4 \end{pmatrix} + t \cdot \begin{pmatrix} 3 \\ 4 \\ -1 \end{pmatrix}$ und $h\colon X = \begin{pmatrix} -1 \\ 1 \\ 2 \end{pmatrix} + s \cdot \begin{pmatrix} -6 \\ 8 \\ 2 \end{pmatrix}$ parallel sind.
Begründe deine Entscheidung.

366 AG-R 3.4

Gegeben sind die Geraden $g\colon X = \begin{pmatrix} -3 \\ 1 \\ 1 \end{pmatrix} + t \cdot \begin{pmatrix} 2 \\ 0 \\ -1 \end{pmatrix}$ und $h\colon X = H + s \cdot \vec{h} = \begin{pmatrix} -1 \\ 1 \\ z_H \end{pmatrix} + s \cdot \begin{pmatrix} x_h \\ y_h \\ 2 \end{pmatrix}$.
Gib die fehlenden Komponenten von H und $\vec{h}$ an, sodass die Geraden g und h ident sind.

z_H = ________________ x_h = ________________ y_h = ________________

367 AG-R 3.4

Ein Dreieck im Raum ist durch die Koordinaten der Eckpunkte gegeben:
$A = (0|-1|5)$, $B = (3|5|2)$, $C = (0|2|-1)$
Die Höhe durch den Eckpunkt C liegt auf der Geraden h (siehe Skizze).
Kreuze die zutreffende Parameterdarstellung der Geraden h an.

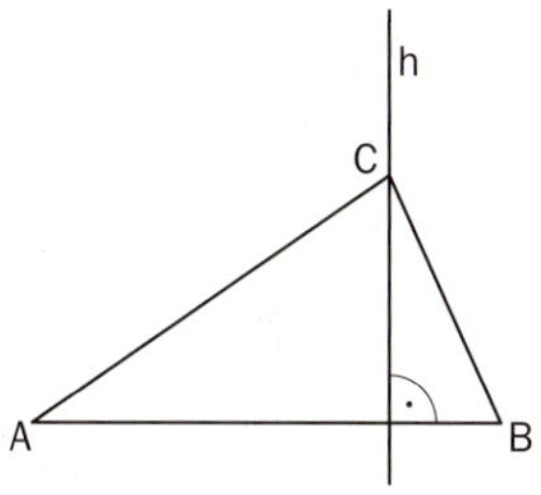

$X = \begin{pmatrix} 0 \\ 2 \\ -1 \end{pmatrix} + t \cdot \begin{pmatrix} 1 \\ 2 \\ -1 \end{pmatrix}$	☐
$X = \begin{pmatrix} 0 \\ 2 \\ 5 \end{pmatrix} + t \cdot \begin{pmatrix} 2 \\ 1 \\ 4 \end{pmatrix}$	☐
$X = \begin{pmatrix} 2 \\ 1 \\ 4 \end{pmatrix} + t \cdot \begin{pmatrix} 0 \\ 2 \\ -1 \end{pmatrix}$	☐
$X = \begin{pmatrix} 0 \\ 2 \\ -1 \end{pmatrix} + t \cdot \begin{pmatrix} -2 \\ 1 \\ -1 \end{pmatrix}$	☐
$X = \begin{pmatrix} 0 \\ 2 \\ -1 \end{pmatrix} + t \cdot \begin{pmatrix} 2 \\ 1 \\ 4 \end{pmatrix}$	☐
$X = \begin{pmatrix} -2 \\ 1 \\ -1 \end{pmatrix} + t \cdot \begin{pmatrix} 0 \\ 2 \\ -1 \end{pmatrix}$	☐

368 AG-L 3.6

Gegeben sind zwei Geraden g und h, die einander im Punkt S schneiden:
$g\colon X = \begin{pmatrix} 3 \\ 2 \\ -1 \end{pmatrix} + t \cdot \begin{pmatrix} 2 \\ 1 \\ -1 \end{pmatrix}$ und $h\colon X = \begin{pmatrix} 7 \\ 4 \\ -3 \end{pmatrix} + t \cdot \begin{pmatrix} 2 \\ 1 \\ 3 \end{pmatrix}$.
Berechne den Schnittwinkel $\varphi = \sphericalangle(g, h)$.

$\varphi = \sphericalangle(g, h) \approx$ ________________ °

369
AG-L 3.6

Gegeben sind zwei Geraden g und h, die einander im Punkt S unter dem Winkel α schneiden:

$g: X = \begin{pmatrix} 4 \\ 1 \\ 2 \end{pmatrix} + t \cdot \begin{pmatrix} 1 \\ 3 \\ 1 \end{pmatrix}$ und $h: X = \begin{pmatrix} 5 \\ 4 \\ 3 \end{pmatrix} + t \cdot \begin{pmatrix} 4 \\ 1 \\ -3 \end{pmatrix}$

Kreuze die beiden zutreffenden Aussagen an!

$\cos \alpha = \dfrac{\begin{pmatrix} 4 \\ 1 \\ 2 \end{pmatrix} \cdot \begin{pmatrix} 5 \\ 4 \\ 3 \end{pmatrix}}{\left\lvert\begin{pmatrix} 4 \\ 1 \\ 2 \end{pmatrix}\right\rvert \cdot \left\lvert\begin{pmatrix} 5 \\ 4 \\ 3 \end{pmatrix}\right\rvert}$	☐
$\dfrac{\begin{pmatrix} 1 \\ 3 \\ 1 \end{pmatrix} \cdot \begin{pmatrix} 4 \\ 1 \\ -3 \end{pmatrix}}{\left\lvert\begin{pmatrix} 1 \\ 3 \\ 1 \end{pmatrix}\right\rvert \cdot \left\lvert\begin{pmatrix} 4 \\ 1 \\ -3 \end{pmatrix}\right\rvert} = \alpha$	☐
$\begin{pmatrix} 4 \\ 1 \\ 2 \end{pmatrix} \cdot \begin{pmatrix} 5 \\ 4 \\ 3 \end{pmatrix} = \left\lvert\begin{pmatrix} 4 \\ 1 \\ 2 \end{pmatrix}\right\rvert \cdot \left\lvert\begin{pmatrix} 5 \\ 4 \\ 3 \end{pmatrix}\right\rvert \cdot \cos \alpha$	☐
$\begin{pmatrix} 1 \\ 3 \\ 1 \end{pmatrix} \cdot \begin{pmatrix} 4 \\ 1 \\ -3 \end{pmatrix} = \left\lvert\begin{pmatrix} 1 \\ 3 \\ 1 \end{pmatrix}\right\rvert \cdot \left\lvert\begin{pmatrix} 4 \\ 1 \\ -3 \end{pmatrix}\right\rvert \cdot \cos \alpha$	☐
$\cos \alpha = \frac{1}{\sqrt{11}} \cdot \begin{pmatrix} 1 \\ 3 \\ 1 \end{pmatrix} \cdot \frac{1}{\sqrt{26}} \cdot \begin{pmatrix} 4 \\ 1 \\ -3 \end{pmatrix}$	☐

370
AG-R 3.4

Zwei Flugzeuge fliegen mit konstanter Geschwindigkeit auf geradem Kurs.
Das erste Flugzeug befindet sich zum Zeitpunkt $t = 0$ im Punkt $P_0 = (-10|-14|0)$ eines geeignet gewählten Koordinatensystems. Zum Zeitpunkt t_1 ist es im Punkt $P_1 = (-1|-2|1{,}5)$.
Das zweite Flugzeug befindet sich zu denselben Zeitpunkten in $Q_0 = (0|16|4)$ und $Q_1 = (12|25|4)$.
Die Längeneinheit beträgt 1 km; der Parameter gibt jeweils die Zeit in Minuten an.

Berechne, welchen Abstand die beiden Flugzeuge 20 Sekunden nach dem Start voneinander haben!

7.5 Ebenengleichung

Ziel Ebenengleichung in Parameter- und Normalvektordarstellung verständig einsetzen **AG-L 3.9**

371
AG-L 3.9

Kreuze die beiden Punkte an, die auf der Ebene ε: $2x - 3y + z = 4$ liegen!

$A = (3|-1|1)$	☐
$B = (-2|0|8)$	☐
$C = (-1|-1|3)$	☐
$D = (4|-1|-1)$	☐
$E = (-2|2|2)$	☐

372
AG-L 3.9

Gegeben ist die Ebene ε mit ε: $3x - 2y - z = -1$ sowie der Punkt $P = (p_x|-1|4)$.
Bestimme p_x so, dass $P \in \varepsilon$!

$p_x =$ ____________________

373 AG-L 3.9

Zeige rechnerisch: Der Punkt $A = (-2|1|5)$ liegt nicht auf der Ebene ε: $X = \begin{pmatrix} -3 \\ 1 \\ 1 \end{pmatrix} + s \cdot \begin{pmatrix} 2 \\ 0 \\ -1 \end{pmatrix} + t \cdot \begin{pmatrix} 2 \\ 1 \\ 0 \end{pmatrix}$.

374 AG-L 3.9

Ordne jeder Ebene einen Normalvektor (aus A bis F) zu!

$x + y + z = 3$	
$x + z = 0$	
$y = 3$	
$2x + 2y - 2z = 1$	

A	$\begin{pmatrix} 1 \\ 0 \\ 1 \end{pmatrix}$
B	$\begin{pmatrix} 1 \\ 1 \\ 1 \end{pmatrix}$
C	$\begin{pmatrix} 0 \\ 1 \\ 0 \end{pmatrix}$
D	$\begin{pmatrix} 0 \\ 0 \\ 1 \end{pmatrix}$
E	$\begin{pmatrix} 1 \\ 1 \\ -1 \end{pmatrix}$
F	$\begin{pmatrix} 1 \\ 1 \\ 0 \end{pmatrix}$

375 AG-L 3.9

Gegeben ist die Ebene ε: $X = \begin{pmatrix} 1 \\ 1 \\ 1 \end{pmatrix} + s \cdot \begin{pmatrix} 1 \\ 0 \\ 1 \end{pmatrix} + t \cdot \begin{pmatrix} 0 \\ 1 \\ 0 \end{pmatrix}$

Zwei der folgenden Gleichungen sind ebenfalls Parameterdarstellungen der Ebene ε.
Kreuze diese beiden Ebenengleichungen an!

$X = \begin{pmatrix} 1 \\ 1 \\ 1 \end{pmatrix} + s \cdot \begin{pmatrix} 1 \\ 1 \\ 1 \end{pmatrix} + t \cdot \begin{pmatrix} 1 \\ 1 \\ 1 \end{pmatrix}$	☐
$X = \begin{pmatrix} 1 \\ 2 \\ 7 \end{pmatrix} + s \cdot \begin{pmatrix} 1 \\ 0 \\ 1 \end{pmatrix} + t \cdot \begin{pmatrix} 0 \\ 1 \\ 0 \end{pmatrix}$	☐
$X = \begin{pmatrix} 1 \\ 1 \\ 1 \end{pmatrix} + s \cdot \begin{pmatrix} 1 \\ 0 \\ 1 \end{pmatrix} + t \cdot \begin{pmatrix} 0 \\ 2 \\ 0 \end{pmatrix}$	☐
$X = \begin{pmatrix} -1 \\ 1 \\ -1 \end{pmatrix} + s \cdot \begin{pmatrix} 0 \\ 1 \\ 0 \end{pmatrix} + t \cdot \begin{pmatrix} 1 \\ 0 \\ 1 \end{pmatrix}$	☐
$X = \begin{pmatrix} -1 \\ 1 \\ 1 \end{pmatrix} + s \cdot \begin{pmatrix} 2 \\ 0 \\ 3 \end{pmatrix} + t \cdot \begin{pmatrix} 0 \\ 1 \\ 0 \end{pmatrix}$	☐

376 AG-L 3.9

Ordne jeder Ebene die passende Eigenschaft (aus A bis F) zu!

ε: $X = \begin{pmatrix}1\\1\\1\end{pmatrix} + t \cdot \begin{pmatrix}1\\0\\1\end{pmatrix} + s \cdot \begin{pmatrix}1\\0\\0\end{pmatrix}$	
ε: $X = t \cdot \begin{pmatrix}1\\0\\0\end{pmatrix} + s \cdot \begin{pmatrix}0\\0\\1\end{pmatrix}$	
ε: $2x + 2y + 2z = 2$	
ε: $z = 2$	

A	ε wird von den Punkten $(1\|1\|1)$, $(1\|0\|1)$ und $(1\|0\|0)$ aufgespannt.
B	ε geht durch den Ursprung.
C	Der Vektor $\begin{pmatrix}1\\1\\1\end{pmatrix}$ ist ein Normalvektor von ε.
D	Der Vektor $\begin{pmatrix}1\\0\\0\end{pmatrix}$ ist ein Normalvektor von ε.
E	Der Vektor $\begin{pmatrix}0\\0\\1\end{pmatrix}$ ist ein Normalvektor von ε.
F	ε enthält den Punkt $(1\|1\|1)$.

377 AG-L 3.9

Gegeben sind die Parameterdarstellungen der Ebenen ε_1 und ε_2

ε_1: $X = \begin{pmatrix}3\\1\\7\end{pmatrix} + s_1 \cdot \begin{pmatrix}0\\1\\1\end{pmatrix} + t_1 \cdot \begin{pmatrix}1\\0\\1\end{pmatrix}$ $\qquad$ ε_2: $X = \begin{pmatrix}0\\1\\0\end{pmatrix} + s_2 \cdot \begin{pmatrix}0\\2\\y\end{pmatrix} + t_2 \cdot \begin{pmatrix}3\\0\\z\end{pmatrix}$

Bestimme die Koordinaten y und z so, dass die Ebenen ε_1 und ε_2 parallel sind.

$y =$ ____________ $\qquad$ $z =$ ____________

378 AG-L 3.9

Die Gerade g ist in Parameterdarstellung gegeben: g: $X = \begin{pmatrix}2\\1\\2\end{pmatrix} + r \cdot \begin{pmatrix}4\\5\\-10\end{pmatrix}$.

Kreuze die beiden Ebenen an, die auf g normal stehen!

$4x + 5y - 10z = -7$	☐
$X = \begin{pmatrix}2\\1\\2\end{pmatrix} + s \cdot \begin{pmatrix}4\\5\\-10\end{pmatrix} + t \cdot \begin{pmatrix}0\\0\\1\end{pmatrix}$	☐
$-8x - 10y + 20z = 32$	☐
$2x + y + 2z = 7$	☐
$X = \begin{pmatrix}2\\1\\2\end{pmatrix} + s \cdot \begin{pmatrix}2\\1\\-5\end{pmatrix} + t \cdot \begin{pmatrix}-2\\1\\2{,}5\end{pmatrix}$	☐

7.6 Geraden und Ebenen

Zu diesem Abschnitt gibt es keine Reifeprüfungs- und Lehrplan-Grundkompetenzen.

7.7 Geometrische Anwendungen

Zu diesem Abschnitt gibt es keine Reifeprüfungs- und Lehrplan-Grundkompetenzen.

7.8 Lineare Gleichungssysteme und Ebenen

Schnittpunkt von drei Ebenen

Ziel Schnittpunkt von drei Ebenen berechnen **AG-L 2.7**

379 Berechne die Koordinaten des Schnittpunktes S der drei gegebenen Ebenen.
AG-L 2.7

ε_1: $-2x + y + 8z = -4$ ε_2: $3x + 5y - 5z = 0$ ε_3: $x - 2y + z = 10$

380 Kreuze alle linearen Gleichungssysteme an, die *keine eindeutige* Lösung haben.
AG-L 2.7

$2x + y + 5z = 1$ $-2x - y - 5z = -1$ $x + 0{,}5y + 1{,}5z = 0{,}5$	☐
$2x + y + 5z = 1$ $2x - y + 5z = 1$ $3x + 5z = -2$	☐
$2x + y + 5z = 1$ $x - 2y + 3z = 0$ $3x - y + 8z = 1$	☐
$2x + y + 5z = 1$ $-2x - y - 5z = 1$ $6x + 3y + 15z = 0$	☐
$2x + y + 5z = 1$ $5x + 2y + 2z = 1$ $x + y + 2z = 0$	☐

381 Begründe, dass die drei gegebenen Ebenen ε_1, ε_2 und ε_3 einander nicht in einem gemeinsamen Schnittpunkt schneiden und gib alle Werte für den Parameter a an, sodass sie *keinen einzigen* gemeinsamen Schnittpunkt haben.
AG-L 2.7

ε_1: $5x - y + 3z = 20$
ε_2: $10x - 2y + 6z = 40$
ε_3: $-x + 0{,}2y - 0{,}6z = a$

Begründung: Werte für a:

8. Elementare Wahrscheinlichkeitsrechnung

8.1 Zufallsversuche und Ereignissen

Ziel Grundraum und Ereignisse angeben **WS-R 2.1**

382 WS-R 2.1

Kreuze die zutreffende(n) Aussage(n) an!

Das Ergebnis eines Zufallsversuchs kann nicht vorhergesagt werden.	☐
Ein Zufallsversuch, der 100-mal ausgeführt wird, kann jedes Mal dasselbe Ergebnis haben.	☐
Elementarereignisse sind mögliche Ergebnisse eines Zufallsversuchs.	☐
Die möglichen Ergebnisse eines Zufallsversuchs sind bekannt.	☐
Jedes Ereignis besteht aus zwei oder mehr Elementarereignissen.	☐

383 WS-R 2.1

In einer Urne befinden sich 15 Kugeln, die mit den Zahlen 1, 2, …, 14 und 15 beschriftet sind. Eine Kugel wird mit verbundenen Augen gezogen. Das Ereignis *A* lautet: Die gezogene Kugel hat eine gerade Nummer.

Gib den Grundraum Ω sowie das Ereignis *A* in Mengenschreibweise an!

$\Omega = \{$ ______________________________ $\}$

$A = \{$ ______________________________ $\}$

384 WS-R 2.1

Zum Zweck der Qualitätssicherung werden in einer Fabrik in regelmäßigen Abständen Kontrollen durchgeführt. Erfahrungsgemäß weisen 2 % aller Erzeugnisse einen Mangel auf. Eine Charge mit 20 Waren wird ausgewählt und untersucht.

Ordne jedem Ereignis die passende Mengenschreibweise (aus A bis F) zu!

Höchstens 10 Waren weisen einen Mangel auf.	
Mehr als 10 Erzeugnisse sind fehlerhaft.	
Mindestens 10 Produkte sind fehlerhaft.	
Der Ausschussanteil ist kleiner als 10 %.	

A	{0, 1, 2}
B	{0, 1}
C	{0, 1, 2, …, 9}
D	{0, 1, 2, 3, …, 10}
E	{10, 11, 12, …, 20}
F	{11, 12, 13, …, 20}

385 WS-R 2.1

Ein Glücksrad darf zweimal hintereinander gedreht werden. Zeigt der Pfeil beide Male auf dieselbe Farbfläche, so hat man gewonnen.

Das Ereignis *A* beschreibt einen Gewinn. Gib alle Elemente von *A* an!

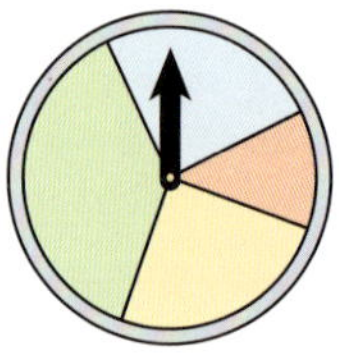

$A = \{$ ______________________________ $\}$

386 WS-R 2.1

In einer Schachtel befinden sich 4 rote, 5 blaue und drei grüne Kugeln. Es werden nacheinander zwei Kugeln gezogen, wobei die erste Kugel unmittelbar nach dem Zug wieder in die Schachtel zurückgelegt wird.
Für das Ereignis *A* gilt: Es wird mindestens eine rote Kugel gezogen.

Gib alle Elemente von *A* an!

$A = \{$ ______________________________ $\}$

387 WS-R 2.1

Eine 2 €-, eine 1 €- und eine 50 Cent-Münze werden gleichzeitig geworfen. Das Elementarereignis *WWZ* beschreibt jenen Ausgang des Zufallsversuches, bei dem die 2 €- und die 1 €-Münze mit der Wappenseite nach oben zeigen, während bei der 50 Cent-Münze die Zahlseite sichtbar ist usw.

Für $A \subseteq \Omega$ gilt: $A = \{WZW, ZWW, WWZ\}$. Formuliere das Ereignis *A* in Worten!

388 WS-R 2.1

Um die Auslastung des Zuges auf einer bestimmten Strecke zu ermitteln, zählt ein Verkehrsunternehmen über einen längeren Zeitraum hinweg bei jeder Fahrt, wie viele der 78 Sitzplätze frei bleiben. Und daraus wird auf eine Regelmäßigkeit geschlossen.
Für das Ereignis A gilt: $A = \{10, 11, 12, \ldots, 78\}$

Kreuze die zutreffende(n) Aussage(n) an!

$\Omega = \{0, 1, 2, \ldots, 78\}$	☐
A beschreibt das Ereignis, dass mehr als 10 Sitzplätze frei sind.	☐
$A' = \{1, 2, \ldots, 9\}$	☐
$A \cup A' = \Omega$	☐
Die folgende Aussage beschreibt das Gegenereignis zu A: Höchstens 9 Sitzplätze sind frei.	☐

389 WS-R 2.1

Ein Würfel wird geworfen.
Ordne jedem Ereignis das entsprechende Gegenereignis (aus A bis F) zu!

Die Augenzahl ist gerade.	
Die Augenzahl ist 6.	
Die Augenzahl ist größer als 1.	
Die Augenzahl ist kleiner als 3.	

A	Die Augenzahl ist 1.
B	Die Augenzahl ist ungerade.
C	Die Augenzahl ist kleiner als 6.
D	Die Augenzahl ist 1, 2 oder 3.
E	Die Augenzahl ist 3, 4, 5 oder 6.
F	Die Augenzahl ist größer als 3.

390 WS-R 2.1

Ein Würfel wird geworfen. Für das Ereignis A gilt: Die Augenzahl ist 6. Für das Ereignis B gilt: Die Augenzahl ist 1.
Begründe, warum B nicht das Gegenereignis zu A ist!

391 WS-R 2.1

Eine Mathematik-Schularbeit besteht aus zwei Teilen. Für eine positive Beurteilung muss ein hoher Prozentsatz der Aufgaben aus Teil 1 richtig beantwortet werden.
Betrachte folgendes Ereignis: Mindestens 8 von 12 Teil-1-Aufgaben werden richtig gelöst.

Formuliere das Gegenereignis dieses Ereignisses in Worten.

392 WS-R 2.1

In jeder Physikstunde werden zwei Personen über die Inhalte der letzten Unterrichtseinheit geprüft.
Für das Ereignis A gilt: Anja und Beate werden zur Stundenwiederholung aufgerufen.

Kreuze das Gegenereignis zu A an!

Weder Anja noch Beate werden zur Stundenwiederholung aufgerufen.	☐
Höchstens eine der beiden wird zur Stundenwiederholung aufgerufen.	☐
Nur eine der beiden wird zur Stundenwiederholung aufgerufen.	☐
Anja wird zur Stundenwiederholung aufgerufen, Beate nicht.	☐
Mindestens eine der beiden wird zur Stundenwiederholung aufgerufen.	☐
Beide Mädchen werden nicht aufgerufen.	☐

393 WS-R 2.1

Eine Münze wird fünfmal hintereinander geworfen.
Ordne jedem Ereignis das entsprechende Gegenereignis (aus A bis F) zu!

Es wird mindestens 3-mal Zahl geworfen.	
Es wird höchstens 3-mal Zahl geworfen.	
Es wird genau 3-mal Kopf geworfen.	
Es wird öfter als 3-mal Kopf geworfen.	

A	Es wird höchstens 3-mal Zahl geworfen.
B	Es wird höchstens 1-mal Kopf geworfen.
C	Es wird nicht genau 2-mal Zahl geworfen.
D	Es wird weniger als 3-mal Zahl geworfen.
E	Es wird genau 2-mal Zahl geworfen.
F	Es wird höchstens 3-mal Kopf geworfen.

8.2 Wahrscheinlichkeitsbegriff

Ziel Mit verschiedenen Wahrscheinlichkeitsbegriffen verständig umgehen **WS-R 2.1–2.2**

394 WS-R 2.2

Die Wahrscheinlichkeit, dass eine Person Linkshänder ist, wird mit 10 bis 15 Prozent beziffert.
Ergänze die Textlücken im folgenden Satz durch Ankreuzen der jeweils richtigen Satzteile so, dass eine mathematisch korrekte Aussage entsteht!

Die Wahrscheinlichkeit kann ______ ① ______ werden. Es handelt sich um ______ ② ______.

①	
exakt berechnet	☐
mithilfe von Statistiken geschätzt	☐
weder berechnet noch geschätzt	☐

②	
eine subjektive Wahrscheinlichkeit	☐
einen relativen Anteil	☐
eine relative Häufigkeit	☐

395 WS-R 2.2

Gesucht ist die Wahrscheinlichkeit, beim Würfeln mit zwei Würfeln mindestens eine ungerade Augenzahl zu erhalten.

Da nicht bekannt ist, ob es sich um faire Würfel handelt, soll diese Wahrscheinlichkeit empirisch ermittelt werden. Dazu werden die beiden Würfel 100-mal unter denselben Bedingungen hintereinander geworfen.

Die Abbildung zeigt, wie sich die Erfolgsquote mit steigender Versuchsanzahl verändert.

Kreuze die beiden zutreffenden Aussagen an!

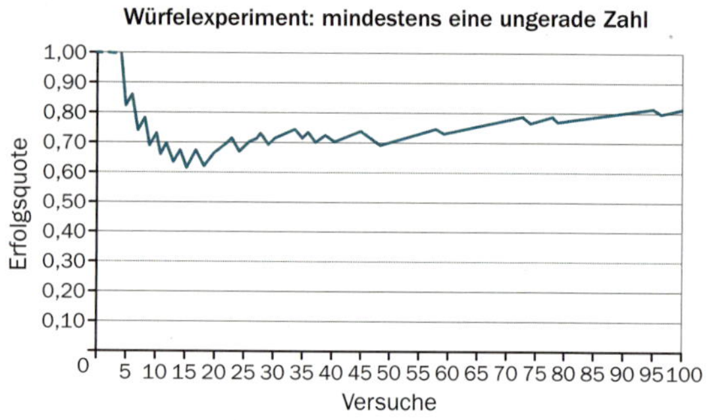

Die Wahrscheinlichkeit, mindestens eine ungerade Zahl zu würfeln, steigt bei den ersten Versuchen stark an.	☐
Die Wahrscheinlichkeit, mindestens eine ungerade Zahl zu würfeln, hängt nicht von der Anzahl der Versuche ab.	☐
Die Wahrscheinlichkeit, mindestens eine ungerade Zahl zu würfeln, liegt sicher knapp über 80 %.	☐
Die Wahrscheinlichkeit, zwei gerade Zahlen zu würfeln, könnte geschätzt bei ca. 20 % liegen.	☐
Die Wahrscheinlichkeit, zwei gerade Zahlen zu würfeln, ist größer als die Wahrscheinlichkeit, mindestens eine ungerade Zahl zu würfeln.	☐

396 WS-R 2.2

Bei einer internationalen Fußball-Meisterschaft wurden insgesamt 117 Elfmeter gegeben. 100 Elfmeter wurden verwandelt, 17 wurden gehalten oder landeten außerhalb des Tores. Die Trefferquote lag daher bei ca. 85 %.
Erläutere den Zusammenhang zwischen relativer Häufigkeit und Wahrscheinlichkeit im gegebenen Kontext!

397 WS-R 2.1

Beim Roulette gibt es 37 Felder, auf welche die Kugel fallen kann: 18 rote, 18 schwarze und ein grünes Feld.
Kreuze die beiden zutreffenden Aussagen an!

Wird das Roulette 500-mal gedreht, landet die Kugel gleich oft auf Schwarz und auf Rot.	☐
Die Wahrscheinlichkeit, dass die Kugel auf einem schwarzen Feld zu liegen kommt, ist gleich der einer Kugel auf einem roten Feld zu landen.	☐
Wird das Roulette sehr oft gedreht, so sind die relativen Häufigkeiten für Rot und Schwarz annähernd gleich.	☐
$P(\text{„schwarzes Feld"}) = 1 - P(\text{„rotes Feld"})$	☐
Kommt 20-mal hintereinander Schwarz, so steigt die Wahrscheinlichkeit, dass beim nächsten Versuch Rot kommt.	☐

Ziel Wahrscheinlichkeiten unter Laplace-Annahme berechnen WS-R 2.3

398 VS-R 2.3

Ein Würfel wird geworfen.
Kreuze die beiden Ereignisse an, die mit einer Wahrscheinlichkeit von ca. 66,7 % eintreten!

Die Augenzahl ist gerade.	☐
Die Augenzahl ist größer als 2.	☐
Die Augenzahl ist eine Primzahl.	☐
Der Würfel zeigt weder die Zahl 5 noch die Zahl 6.	☐
Die Augenzahl ist kleiner als 4.	☐

399 VS-R 2.3

In einer Urne befinden sich 5 rote und 3 blaue Kugeln. Es wird eine Kugel zufällig gezogen.
Bestimme die Wahrscheinlichkeit, dass die Kugel rot ist!

P = ______________________ %

400 VS-R 2.3

Ein Paket Spielkarten enthält je sechs Karten einer Farbe. Eine Karte wird verdeckt gezogen.
Ordne jedem Ereignis die passende Wahrscheinlichkeit (aus A bis F) zu!

Man zieht Herz.	
Man zieht den Herz-König.	
Man zieht einen König.	
Man zieht keine Herz-Karte.	

A	75 %
B	$\frac{1}{8}$
C	$\frac{1}{4}$
D	$\frac{1}{24}$
E	$\frac{1}{6}$
F	50 %

401 VS-R 2.3

Die Abbildung zeigt einen roten Würfel mit sechs gleich großen Seitenflächen mit den Augenzahlen von 1 bis 6 und einen grünen Ikosaeder mit 20 gleich großen Seitenflächen, die mit 1 bis 20 beschriftet sind.
Kreuze die zutreffende(n) Aussage(n) an!

Die Wahrscheinlichkeit, eine gerade Zahl zu würfeln, ist in beiden Fällen gleich.	☐
Die Wahrscheinlichkeit für einen Sechser ist im Fall des roten Würfels größer.	☐
Die Wahrscheinlichkeit, die Zahl 7 zu würfeln, ist beim grünen Würfel größer.	☐
Die Wahrscheinlichkeit, eine Primzahl zu würfeln, ist in beiden Fällen gleich.	☐
Das Würfeln stellt in beiden Fällen ein Laplace'sches Zufallsexperiment dar.	☐

402 VS-R 2.3

Bei einem Glücksrad werden abhängig von der Farbe unterschiedliche Preise ausgegeben.
Kreuze die zutreffende(n) Aussage(n) an!

$P(\text{„blau“}) = \frac{1}{4}$	☐
$P(\text{„grün“}) = \frac{3}{8}$	☐
$P(\text{„gelb oder blau“}) = \frac{1}{2}$	☐
$P(\text{„rot“}) = \frac{1}{8}$	☐
$P(\text{„nicht grün“}) = 1 - \frac{3}{8}$	☐

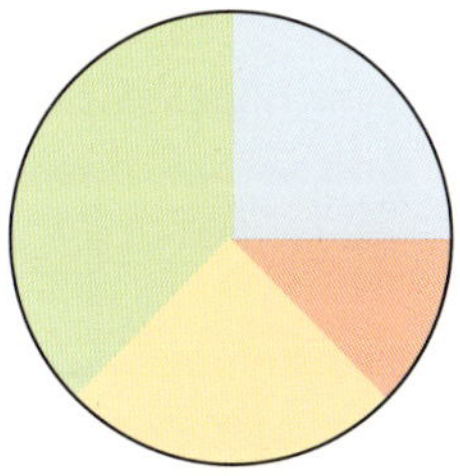

403 VS-R 2.3

Ein Institut bietet Weiterbildungen in den Bereichen Mathematik und Wirtschaftswissenschaften an.
Der Mathematikkurs wird von 65, das Wirtschaftsseminar von 45 Personen besucht. 100 Personen haben sich am Institut eingeschrieben.
Berechne die Wahrscheinlichkeit, dass eine zufällig ausgewählte Person beide Kurse besucht!

404
WS-R 2.3

Folgender Grundraum ist gegeben: $\Omega = \{1, 2, 3, \ldots, 100\}$

Ordne jeder Wahrscheinlichkeit für ein Ereignis den entsprechenden Wert (aus A bis F) zu!

P(„gerade Zahl“)	
P(„Zahl kleiner 10“)	
P(„Zahl mit Einerziffer 2, 3 oder 4“)	
P(„Primzahl kleiner als 30“)	

A	$\frac{9}{100}$
B	$\frac{3}{50}$
C	$\frac{1}{2}$
D	$\frac{3}{25}$
E	$\frac{1}{10}$
F	$\frac{3}{10}$

405
WS-R 2.3

Die Österreichischen Lotterien verkaufen verschiedene Rubbellose. Höhe und Anzahl der Gewinne beim *Double Win* können der Tabelle rechts entnommen werden.

Daten nach: Österreichische Lotterien, 2018

Berechne die Wahrscheinlichkeit, dass es sich bei einem zufällig ausgewählten Rubbellos der Kategorie *Double Win* um eine Niete handelt!

Gewinnpyramide

Anzahl pro Serie	Gewinn in EUR
2 ×	50.000,–
10 ×	1.000,–
220 ×	100,–
27 000 ×	24,–
52 000 ×	12,–
214 000 ×	6,–
424 000 ×	3,–

Preis

EUR 3,–

Losauflage

2 200 000 Lose

Fristen

Laufzeit:	3 Jahre
Ende der Auszahlung:	siehe Losrückseite

406
WS-R 2.3

Ergänze die Textlücken im folgenden Satz durch Ankreuzen der jeweils richtigen Satzteile so, dass eine mathematisch korrekte Aussage entsteht!

Zwei herkömmliche Würfel werden geworfen. Die Wahrscheinlichkeit für das Ereignis *Augensumme 5* ist ______ ① ______ Wahrscheinlichkeit für das Ereignis Augensumme 9, weil ______ ② ______.

①	
kleiner als die	☐
gleich der	☐
größer als die	☐

②	
es nur drei Möglichkeiten gibt, die *Augensumme 9* zu würfeln, aber vier Möglichkeiten für die *Augensumme 5*	☐
9 größer als 5 ist und das Ereignis *Augensumme 5* somit seltener eintritt als das Ereignis *Augensumme 9*	☐
es jeweils vier Möglichkeiten gibt	☐

407
WS-R 2.3

Aus der abgebildeten Urne werden gleichzeitig zwei Kugeln gezogen und die Summe der Zahlen auf den Kugeln gebildet.

Berechne die Wahrscheinlichkeit, dass die Summe der Zahlen kleiner als 7 ist!

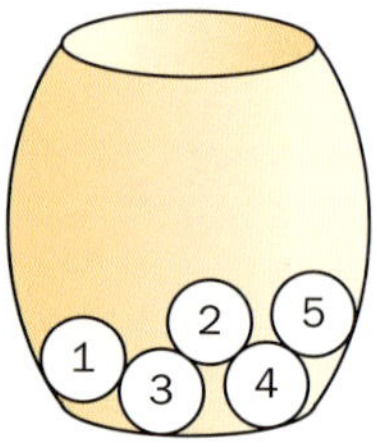

8.3 Baumdiagramme – Produktregel

Ziel Wahrscheinlichkeit entlang eines Pfades im Baumdiagramm berechnen **WS-R 2.3**

408 WS-R 2.3 Der Anfängerkurs einer Tanzschule wird von 20 Burschen besucht. 15 davon beherrschen bereits einzelne Grundschritte, der Rest kann (noch) nicht tanzen.

Berechne die Wahrscheinlichkeit dafür, dass ein Mädchen zufällig zwei verschiedene Burschen, die beide nicht tanzen können, zum Tanzen auffordert!

409 WS-R 2.3 Bei einem Test werden 20 Fragen gestellt. Bei jeder Frage gibt es fünf Antwortmöglichkeiten, von denen genau eine richtig ist. Franz hat nichts gelernt und kreuzt jeweils zufällig eine Antwort an.

Berechne die Wahrscheinlichkeit, dass er keine einzige Frage richtig hat!

410 WS-R 2.3 In einer Urne befinden sich 11 rote, 7 weiße und 2 gelbe Kugeln. Es werden nacheinander drei Kugeln gezogen und nicht mehr zurückgelegt.

Kreuze die zutreffende(n) Aussage(n) an!

Die Wahrscheinlichkeit, dass drei rote Kugeln gezogen werden, berechnet man folgendermaßen: $\left(\frac{11}{20}\right)^3$	☐
Es ist ausgeschlossen, dass drei gelbe Kugeln gezogen werden.	☐
Die Wahrscheinlichkeit für die Farbfolge *rot-weiß-gelb* ist kleiner als 5%.	☐
Die Wahrscheinlichkeit für die Farbfolge *rot-weiß-gelb* ist gleich groß wie die Wahrscheinlichkeit für *gelb-weiß-rot*.	☐
Drei weiße Kugeln erhält man mit einer Wahrscheinlichkeit von $\frac{7}{20} \cdot \frac{6}{19} \cdot \frac{5}{18}$.	☐

411 WS-R 2.3 Die nachgestellte Tabelle gibt einen Überblick über die Verteilung der unterschiedlichen Blutgruppen in Österreich.

Blutgruppe	A	0	B	AB
relative Häufigkeit	41 %	37 %	15 %	7 %

Daten nach: BM für Gesundheit und Frauen, 2018

Zusätzlich wird je nach Vorliegen eines bestimmten Antigens zwischen *Rhesus-positiv* und *Rhesus-negativ* unterschieden. Etwa 85% aller Personen in Österreich sind *Rhesus-positiv*, alle anderen *Rhesus-negativ*, wobei die Verteilung bei allen Blutgruppen gleich ist.

Ermittle die Wahrscheinlichkeit, dass eine zufällig ausgewählte Person die Blutgruppe 0 negativ hat und aufgrund dessen ein sogenannter Universalspender ist!

412 WS-R 2.3 Ein Verkehrsunternehmen schätzt, dass etwa 2% aller Fahrgäste mit einem Rollstuhl unterwegs sind.

Ermittle die Wahrscheinlichkeit, dass sich in einer Zufallsstichprobe von 100 Personen keine Rollstuhlfahrerin und kein Rollstuhlfahrer befindet.

413 AG-R 2.3

In einer Packung sind 35 rosa und 25 blaue Zuckerl. Es werden zwei Bonbons entnommen.

Vervollständige das Baumdiagramm so, dass es den beschriebenen Sachverhalt wiedergibt, und interpretiere den Term $\frac{7}{12} \cdot \frac{34}{59}$ im Kontext!

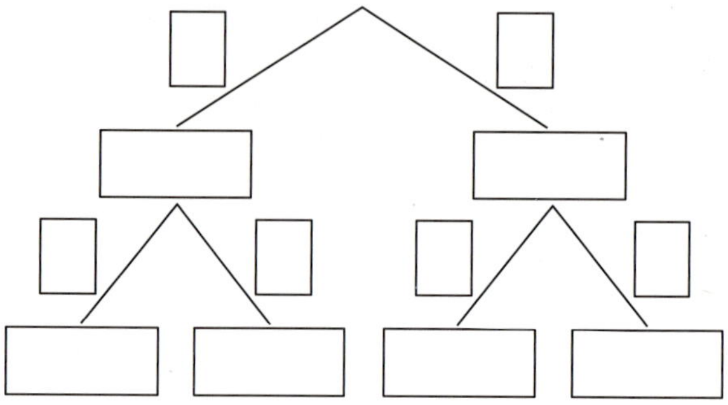

$\frac{7}{12} \cdot \frac{34}{59}$ ist die Wahrscheinlichkeit, dass ______________________________

414 WS-R 2.3

In einem Spielkartenset befinden sich je sechs Karten einer Farbe (Herz, Karo, Pik, Kreuz). Jemand erhält zufällig vier Karten.

Berechne die Wahrscheinlichkeit, dass die Person vier Pik-Karten erhält!

415 WS-R 2.3

Ein Computerprogramm ist durch ein Passwort geschützt. Es besteht aus vier nicht notwendigerweise verschiedenen Buchstaben und ist *case-sensitiv*. Das bedeutet, dass zwischen Groß- und Kleinschreibung unterschieden wird.

Wie groß ist die Wahrscheinlichkeit, den Code mit einem einzigen Versuch zu knacken?

Kreuze die richtige Berechnung an!

$\frac{1}{26} \cdot \frac{1}{26} \cdot \frac{1}{26} \cdot \frac{1}{26}$	☐
$\frac{5}{26}$	☐
$\left(\frac{1}{52}\right)^4$	☐
$\frac{1}{52} \cdot \frac{1}{51} \cdot \frac{1}{50} \cdot \frac{1}{49}$	☐
$\frac{1}{26} \cdot \frac{1}{25} \cdot \frac{1}{24} \cdot \frac{1}{23}$	☐
$\frac{1}{52} + \frac{1}{52} + \frac{1}{52} + \frac{1}{52}$	☐

416 WS-R 2.3

Bei der Zentralmatura werden die Grundkompetenzen anhand unterschiedlicher Aufgabenformate abgeprüft. Berechne die Wahrscheinlichkeit, eine Aufgabe im Lückentext-Format richtig zu beantworten, wenn zufällig angekreuzt wird.[1]

417 WS-R 2.3

Bei einem Versandhaus für Mode kann die bestellte Ware kostenlos zurückgeschickt werden. Erfahrungsgemäß behalten die Kundinnen und Kunden 55 % der angeforderten Artikel, der Rest wird retourniert.
An einem bestimmten Tag werden 30 Kleidungsstücke versendet.

Gib an, welche Wahrscheinlichkeiten mit den gegebenen Termen ermittelt werden!

$0{,}55^{30}$ ______________________________

____

$1 - 0{,}55^{30}$ ______________________________

____

[1] Jeder Lückentext besteht aus einem Text, bei dem zwei Stellen ausgewiesen sind, die ergänzt werden müssen. Für jede dieser Lücken werden drei Antwortmöglichkeiten vorgegeben.

8.4 Baumdiagramme – Summenregel

Ziel Mit Baumdiagrammen Wahrscheinlichkeiten ermitteln **WS-R 2.3**

418 WS-R 2.3

Laut Statistik Austria sind 49 % aller Neugeborenen weiblich. Eine österreichische Familie mit drei Kindern wird zufällig ausgewählt.

Ordne jedem Ereignis die passende Wahrscheinlichkeit (aus A bis F) zu!

Alle drei Kinder sind männlich.	
Das älteste Kind ist männlich, die beiden jüngeren weiblich.	
Die Familie hat einen Burschen und zwei Mädchen.	
Die Familie hat mindestens ein Mädchen.	

A	$3 \cdot 0{,}51 \cdot 0{,}49^2$
B	$0{,}4 + 0{,}49^2 + 0{,}49^3$
C	$0{,}51 \cdot 0{,}49^2$
D	$1 - 0{,}51^3$
E	$1 - 0{,}49^3$
F	$0{,}51^3$

419 WS-R 2.3

Bei einer Prüfung werden zwei Themen aus einem Pool von 18 Themen gezogen. Eines davon muss bearbeitet werden. Ein Schüler der 6C hat vier der 18 Themengebiete nicht gelernt.

Wie groß ist die Wahrscheinlichkeit, dass er bei der Prüfung genau ein Themengebiet vorgelegt bekommt, das er nicht gelernt hat?

Kreuze die beiden richtigen Berechnungen an!

$\frac{14}{18} \cdot \frac{4}{17}$	☐
$\frac{14}{18} \cdot \frac{4}{17} \cdot 2$	☐
$\frac{14}{18} \cdot \frac{4}{18}$	☐
$1 - \frac{4}{18} \cdot \frac{3}{17}$	☐
$\frac{14}{18} \cdot \frac{4}{17} + \frac{4}{18} \cdot \frac{14}{17}$	☐

420 WS-R 2.3

In einer Schachtel befinden sich 12 gelbe und 8 blaue Kugeln. Es werden nacheinander drei Kugeln gezogen und nicht mehr zurückgelegt.

Berechne die Wahrscheinlichkeit, dass alle Kugeln dieselbe Farbe haben!

421 WS-R 2.3

In einem Gefäß befinden sich grüne, rote und blaue Kugeln. Es werden zwei Kugeln gezogen.
Das nebenstehende Baumdiagramm veranschaulicht die möglichen Ergebnisse des Zufallsversuchs.

Überprüfe: Die Wahrscheinlichkeit, dass mindestens eine Kugel blau ist, ist größer als 75 %.
Schreibe dazu die passende Rechnung und das Ergebnis an!

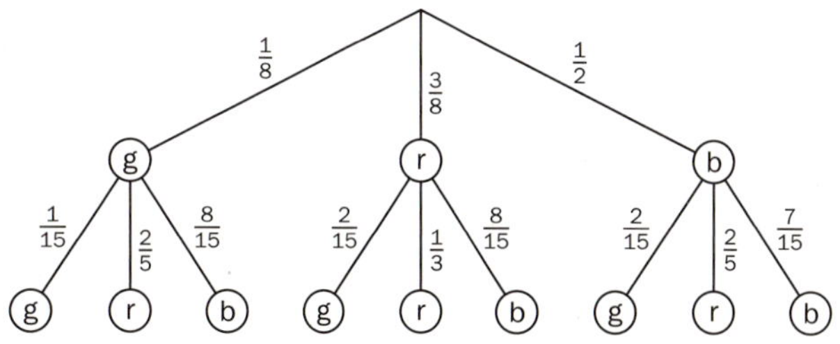

422 WS-R 2.3

Aus einer Klasse wurden vier der insgesamt 18 Schülerinnen und 7 Schüler für die Teilnahme an einer internationalen Mathematiktestung ausgewählt.

Berechne die Wahrscheinlichkeit, dass mindestens eine der ausgewählten Personen männlich ist.

423 WS-R 2.3

Laura spielt drei Partien Tischtennis abwechselnd gegen ihren Vater und ihre Mutter. Zuerst spielt sie gegen ihren Vater. Die Wahrscheinlichkeit, dass Laura gegen ihre Mutter gewinnt, beträgt 30 %. Die Wahrscheinlichkeit, gegen ihren Vater zu gewinnen, beträgt 75 %.

Das Baumdiagramm veranschaulicht alle möglichen Varianten (S = Sieg, N = Niederlage) mit jeweiligen Wahrscheinlichkeiten.

Berechne die Wahrscheinlichkeit, dass Laura zwei Partien hintereinander gewinnt!

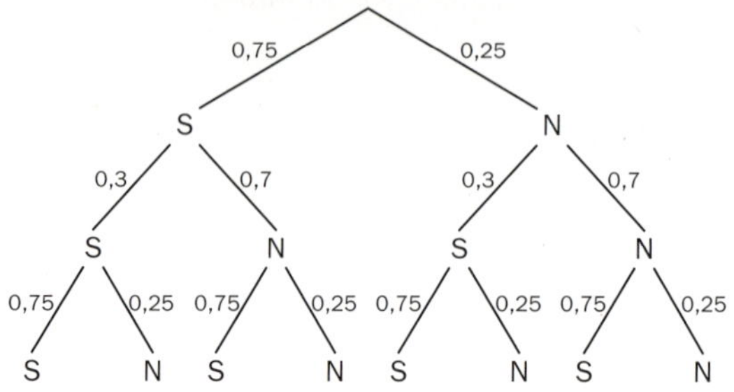

424 WS-R 2.3

Die Wahrscheinlichkeit, dass eine Autofahrerin bzw. ein Autofahrer in einem bestimmten Streckenabschnitt zu schnell fährt, liegt erfahrungsgemäß bei 5 %. Drei Autos passieren die Radarbox.

Ergänze die Textlücken im folgenden Satz durch Ankreuzen der jeweils richtigen Satzteile so, dass eine mathematisch korrekte Aussage entsteht!

Die Wahrscheinlichkeit, dass bei ______ ① ______ eine erhöhte Geschwindigkeit gemessen wird, kann folgendermaßen berechnet werden: ______ ② ______

①	
allen Autos	☐
mindestens einem Auto	☐
höchstens einem Auto	☐

②	
$1 - 0{,}05^3$	☐
$0{,}95^3$	☐
$1 - 0{,}95^3$	☐

425 WS-R 2.3

Beim *Mensch ärgere dich nicht* müssen die vier eigenen Spielfiguren vom Startbereich ins Ziel bewegt werden. Bevor man mit der ersten Figur überhaupt auf das Startfeld vorrücken darf, muss man einen Sechser würfeln.
Dafür hat man drei Versuche.

Berechne die Wahrscheinlichkeit, dass man spätestens beim dritten Mal Würfeln die Augenzahl 6 erhält!

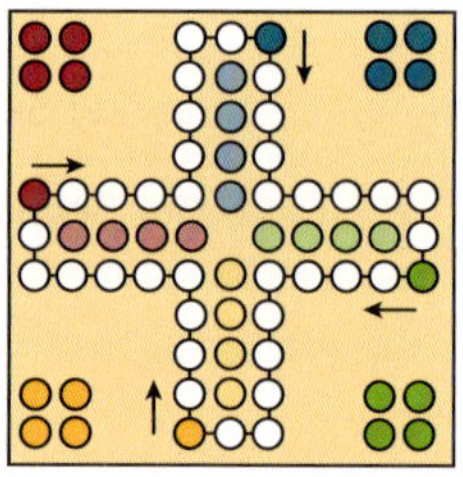

426 WS-R 2.3

Beim Lotto 6 aus 49 werden aus den Zahlen 1 bis 49 sechs Gewinnnummern gezogen. Das System findet in Deutschland Anwendung.

Kreuze die beiden zutreffenden Aussagen an!

Die Wahrscheinlichkeit für einen Lottosechser kann folgendermaßen berechnet werden: $\frac{6}{49} \cdot \frac{5}{48} \cdot \frac{4}{47} \cdot \frac{3}{46} \cdot \frac{2}{45} \cdot \frac{1}{44}$	☐
Die Wahrscheinlichkeit für fünf Richtige kann folgendermaßen berechnet werden: $\frac{6}{49} \cdot \frac{5}{48} \cdot \frac{4}{47} \cdot \frac{3}{46} \cdot \frac{2}{45} \cdot \frac{43}{44}$	☐
Der Term $1 - \frac{6}{49} \cdot \frac{5}{48} \cdot \frac{4}{47} \cdot \frac{3}{46} \cdot \frac{2}{45} \cdot \frac{1}{44}$ beschreibt die Wahrscheinlichkeit, keine Zahl erraten zu haben.	☐
Die Wahrscheinlichkeit genau eine Gewinnzahl zu erraten, kann folgendermaßen berechnet werden: $\frac{6}{49} \cdot \frac{43}{48} \cdot \frac{42}{47} \cdot \frac{41}{46} \cdot \frac{40}{45} \cdot \frac{39}{44} \cdot 6$	☐
Will man die Wahrscheinlichkeit berechnen höchstens eine Gewinnzahl zu erraten, so muss man die Wahrscheinlichkeiten für 0 *richtige Zahlen* und 1 *richtige Zahl* multiplizieren.	☐

427 AG-R 2.3

Eine schriftliche Prüfung besteht aus vier Fragen mit je drei Antwortmöglichkeiten. Genau eine der Antworten ist jeweils richtig. Ein Schüler wählt bei jeder Frage zufällig eine der drei Antworten aus.
Welche Wahrscheinlichkeit wird durch den Term $4 \cdot \left(\frac{1}{3}\right)^3 \cdot \frac{2}{3} + \left(\frac{1}{3}\right)^4$ angegeben?
Kreuze die beiden zutreffenden Antworten an!

Der Term gibt die Wahrscheinlichkeit an, drei Fragen richtig und eine Frage falsch zu beantworten.	☐
Der Term gibt die Wahrscheinlichkeit an, mehr als drei Fragen richtig zu beantworten.	☐
Der Term gibt die Wahrscheinlichkeit an, höchstens eine Frage falsch zu beantworten.	☐
Der Term gibt die Wahrscheinlichkeit an, mehr als zwei Fragen richtig zu beantworten.	☐
Der Term gibt die Wahrscheinlichkeit an, höchstens drei Fragen richtig zu beantworten.	☐

428 WS-R 2.3

Ein Verkehrsunternehmen geht davon aus, dass etwa 3 % aller Fahrgäste kein gültiges Ticket haben. Bei einer U-Bahn-Station werden 30 Personen kontrolliert.
Interpretiere die Wahrscheinlichkeit $1 - 0{,}97^{30}$ im gegebenen Kontext!

429 WS-R 2.3

Ein Würfel wird fünfmal geworfen.
Ergänze die Textlücken im folgenden Satz durch Ankreuzen der jeweils richtigen Satzteile so, dass eine mathematisch korrekte Aussage entsteht!

Die Wahrscheinlichkeit, ______ ① ______ zu würfeln, kann durch ______ ② ______ angegeben werden.

①	
mindestens drei Sechser	☐
mehr als vier Sechser	☐
höchstens drei Sechser	☐

②	
$1 - \left(\frac{1}{6}\right)^5$	☐
$5 \cdot \left(\frac{1}{6}\right)^4 \cdot \frac{5}{6} + \left(\frac{1}{6}\right)^5$	☐
$1 - \left[5 \cdot \left(\frac{1}{6}\right)^4 \cdot \frac{5}{6} + \left(\frac{1}{6}\right)^5\right]$	☐

430 WS-R 2.3

Ein Würfel wird dreimal geworfen.
Ordne jedem Ereignis die passende Wahrscheinlichkeit (aus A bis F) zu!

Es kommt jedes Mal die Augenzahl 1.	
Es kommt mindestens einmal die Augenzahl 1.	
Beim ersten Mal Würfeln kommt die Augenzahl 1.	
Es kommt jedes Mal die gleiche Augenzahl.	

A	$\frac{1}{6}$
B	$\left(\frac{1}{6}\right)^3 \cdot 6$
C	$\frac{5}{6}$
D	$1 - \left(\frac{1}{6}\right)^3$
E	$1 - \left(\frac{5}{6}\right)^3$
F	$\left(\frac{1}{6}\right)^3$

431 WS-R 2.3

Die Wahrscheinlichkeit für weiße Weihnachten ist abhängig vom Bundesland. In Salzburg beträgt die Wahrscheinlichkeit dafür laut der Zentralanstalt für Meteorologie und Geodynamik (ZAMG) 30 %.
Interpretiere den Term $5 \cdot \left(\frac{3}{10}\right)^4 \cdot \frac{7}{10}$ im Kontext!

8.5 Bedingte Wahrscheinlichkeit

Ziel Bedingte Wahrscheinlichkeiten berechnen und interpretieren **WS-L 2.5**

432 WS-L 2.5

Ein Pharmakonzern entwickelt ein neues Medikament und testet es in einer umfangreichen Studie. Ein Teil der Testpersonen erhält das neu entwickelte Medikament, der andere Teil ein Placebo (Traubenzucker).

Aus den Daten der Studie kann das Unternehmen folgende Wahrscheinlichkeiten schätzen:

$P(„gesund“ \mid „Medikament“) \approx 99\,\%$ $P(„gesund“ \mid „Placebo“) \approx 7\,\%$

Kreuze die beiden zutreffenden Aussagen an!

Die Wahrscheinlichkeit, dass eine Person, die nach der Therapie gesund ist, tatsächlich das Medikament erhalten hat, beträgt etwa 99 %.	☐
Die Wahrscheinlichkeit, dass eine Person, die nach der Therapie nicht gesund ist, das Placebo erhalten hat, beträgt ca. 1 %.	☐
Die Wahrscheinlichkeit, dass eine Person, die das neue Medikament erhalten hat, nach der Therapie gesund ist, beträgt ca. 99 %.	☐
Die Wahrscheinlichkeit, dass eine Person, die das Placebo erhalten hat, nach der Therapie immer noch krank ist, beträgt ca. 93 %.	☐
Die Wahrscheinlichkeit, dass eine Person, die nach der Therapie noch immer krank ist, das Placebo erhalten hat, beträgt etwa 93 %.	☐

433 WS-L 2.5

Bei einem internationalen Leichtathletik-Wettkampf werden stichprobenartig Dopingtests durchgeführt. Ein positives Testergebnis deutet auf den Missbrauch unerlaubter Substanzen hin. Verschiedene Wahrscheinlichkeiten zur Aussagekraft und Zuverlässigkeit des verwendeten Tests spielen eine wesentliche Rolle.

Kreuze die beiden bedingten Wahrscheinlichkeiten an!

Wahrscheinlichkeit, dass ein zufällig ausgewählter Sportler gedopt ist und der Test positiv ist	☐
Wahrscheinlichkeit, dass das Testergebnis bei einem zufällig ausgewählten Sportler, der keine unerlaubten Substanzen eingenommen hat, negativ ist	☐
Wahrscheinlichkeit, dass das Testergebnis negativ ist	☐
Wahrscheinlichkeit, dass ein zufällig ausgewählter Sportler einem Doping-Test unterzogen wird	☐
Wahrscheinlichkeit für ein falsches positives Ergebnis, d.h. ein positives Testergebnis bei einem nicht gedopten Sportler	☐

434 WS-L 2.5

An einer Schule mit 500 Schülerinnen und Schülern wurde erhoben, wie viele Personen Nachhilfe in Anspruch nehmen. Die Ergebnisse werden in der nachstehenden Tabelle zusammengefasst.

	Nachilfe	keine Nachhilfe	Summe
Oberstufe	180	120	300
Unterstufe	90	110	200
Summe	270	230	500

Ordne jeder Fragestellung links die passende Wahrscheinlichkeit (aus A bis F) zu!

Wie groß ist die Wahrscheinlichkeit, dass eine zufällig ausgewählte Person in die Unterstufe geht?	
Wie groß ist die Wahrscheinlichkeit, dass eine zufällig ausgewählte Person Nachhilfe in Anspruch nimmt?	
Wie groß ist die Wahrscheinlichkeit, dass eine Schülerin bzw. ein Schüler der Oberstufe Nachhilfe in Anspruch nimmt?	
Wie groß ist die Wahrscheinlichkeit, dass eine Person, die Nachhilfe in Anspruch nimmt, die Unterstufe besucht?	

A	0,45 = 45 %
B	0,36 = 36 %
C	0,4 = 40 %
D	0,54 = 54 %
E	$\frac{1}{3} \approx 33\,\%$
F	0,6 = 60 %

435 WS-L 2.5 Welche Start- bzw. Landepiste eines Flughafens benutzt wird, hängt häufig von den vorliegenden Windverhältnissen ab. Die Wahrscheinlichkeit, dass die Piste A an einem bestimmten Tag benutzt werden kann, liegt bei 85%. Die Wahrscheinlichkeit, dass an dem Tag beide Pisten A und B benutzt werden können, liegt hingegen nur bei 75%.

Interpretiere den Term $\frac{0{,}75}{0{,}85}$ im Kontext!

436 WS-L 2.5 Im Jänner ist die Fortsetzung eines bekannten Filmes in die österreichischen Kinos gekommen. 32% einer bestimmten Zielgruppe haben den ersten Teil im Kino gesehen, 24% aller Personen haben beide Vorstellungen besucht.

Berechne die Wahrscheinlichkeit, dass eine Person die Fortsetzung besucht, wenn sie den ersten Teil im Kino gesehen hat!

8.6 Der Satz von Bayes

Zu diesem Abschnitt gibt es keine Reifeprüfungs- und Lehrplan-Grundkompetenzen.

8.7 Unabhängige Ereignisse

Ziel Entscheiden, ob Ereignisse unabhängig sind **WS-L 2.6**

437 WS-L 2.6 Die Rot-Grün-Sehschwäche beschreibt eine angeborene Farbfehlsichtigkeit, die umgangssprachlich auch als Farbenblindheit bezeichnet wird. Die nachgestellte Vierfeldertafel bildet die Ergebnisse einer groß angelegten Studie ab.

	A	A'	
B	3%	1%	4%
B'	27%	69%	96%
	30%	70%	100%

A … männlich

B … von einer Rot-Grün-Sehschwäche betroffen

Kreuze die zutreffende(n) Aussage(n) an!

Die Ereignisse A und B sind voneinander unabhängig.	☐
$P(B \mid A) > P(B)$	☐
$P(B \mid A) = P(B)$	☐
Das Ereignis A benachteiligt B.	☐
Das Ereignis A begünstigt B.	☐

438 WS-L 2.6 Ein roter und ein grüner Würfel werden gleichzeitig geworfen. Ereignis A sagt, dass die Augensumme 6 ist. Ereignis B bedeutet, dass der grüne Würfel eine Augenzahl von höchstens 3 hat.

Zeige rechnerisch, dass diese beiden Ereignisse nicht unabhängig sind!

439 WS-L 2.6 Gegeben sind zwei stochastisch unabhängige Ereignisse A und B.

Kreuze die beiden zutreffenden Aussagen an!

$P(A \mid B) = P(A)$	☐
$P(B \mid A) = P(A)$	☐
$P(A) = P(B)$	☐
$P(A \cap B) = P(A) \cdot P(B)$	☐
$P(A \mid B) = P(B \mid A)$	☐

Lösungen

Kapitel 1

1 $1^n = 1,\ 0^n = 0,\ (-1)^{2n} = 1,\ (-1)^{2n+1} = -1$

2 $\frac{2^7}{4^3} = \frac{2^7}{(2^2)^3} = \frac{2^7}{2^6} = 2$

3 C E D B

4 D B E C

5	x	x	x		x
6			x		
7	x	x	x	x	x
8		x	x	x	x
9	x		x		x
10			x		
11				x	
12		x	x		

13 $2x^2$

14 Potenzen mit gleicher Basis werden multipliziert, indem man die Basis mit der Summe der Exponenten potenziert.

15	x		x	x	x
16	x	x		x	
17		x			x

18 $\left(9 : 9^{\frac{2}{3}}\right)^{\frac{3}{2}} = \left(9^{\frac{1}{3}}\right)^{\frac{3}{2}} = 9^{\frac{1}{2}} = 3$

19 $a = \frac{n^2}{m^2}$ mit $n, m \in \mathbb{N}$

20 $\frac{1}{\sqrt[4]{(2x)^3}}$ oder $\sqrt[4]{\frac{1}{(2x)^3}}$

21 B A D E

22 C F E A

23		x			x
24			x	x	x

25 $\sqrt{24x^3y^4} = 2xy^2\sqrt{6x}$

26			x	x	

27 F D A C

28				x		

29 E C F B

30 A E C B

31 Im Ausdruck $a^x = b$ ist x der Exponent und a die Basis.

32			x	x	

33 $\lg 2 + \lg 5 = \lg(2 \cdot 5) = \lg 10 = 1$

34		x				

35 $\log_2 128 = 7,\ \log_2 \frac{1}{32} = -5,\ \log_2 \sqrt{8} = \frac{3}{2},\ \log_2 \sqrt[3]{256} = \frac{8}{3}$

36 $\log_2 64$ hat den Wert 6, weil $2^6 = 64$ ist.

37 $\log_2 16$ hat den Wert 4, weil $2^4 = 16$ ist.

38 A D B F

39		x		x	

40 A D B C

41 D F B A E C

42		x		x	x

43 Weil $\log x \cdot y = \log x + \log y$ und $z \cdot \log x = \log x^z$ ist und damit $2\log(4x + b) = \log(4x + b)^2$ ist.

44 $\log_3 \frac{1}{9}$ hat den Wert −2, weil $3^{-2} = \frac{1}{9}$ ist.

45 B C D E

46 D B F C

47 $x = \frac{2}{3}$

48 Die Lösung der Exponentialgleichung $3^x = 5$ ist gegeben durch $\log_3 5$.

49 8 420 € erhält man bei Ablauf des Kapitalsparbuchs.
1,022: Der effektive jährliche Zinssatz beträgt 2,2 %.
5: Das Kapitalsparbuch läuft 5 Jahre lang.

50 Der Wert der Aktie ist in einem der vier Jahre um 23 % und in zwei weiteren um jeweils 15 % gegenüber dem Vorjahreswert gestiegen. Nur in einem Jahr verlor die Aktie 13 % ihres Wertes.

51 $\sqrt{1{,}08 \cdot 1{,}12} \approx 1{,}0998$ und $9{,}98\,\% < 10\,\%$

52 $\sqrt[3]{1{,}03 \cdot 1{,}035 \cdot 1{,}033} \approx 1{,}0327$
$\Rightarrow$ Die durchschnittliche jährliche Preissteigerung von Brennholz in diesen drei Jahren beträgt ca. 3,27 %.

53 Die Weltbevölkerung ist im Zeiraum 2000 bis 2010 im Durchschnitt jährlich um 1,22 % gestiegen.

54		x	x	x	x
55				x	x
56	x		x	x	x

57						x

58 Geldbetrag $G = 12\,499{,}98$ €

Kapitel 2

59		x		x	x
60	x	x	x	x	x

61 D E C A

62 C B A D

63 Es gilt zwar z. B. $(-5)^2 > 16$, aber nicht $-5 > 4$.
$\Rightarrow$ −5 ist eine Lösung von $x^2 > 16$, aber keine Lösung von $x > 4$.
$\Rightarrow$ Die Ungleichungen sind nicht äquivalent.

64 x … Handynutzungsdauer (in Monaten); $350 + 13{,}5x < 25x$

65 Wenn mehr als 75 000 Uhren produziert und verkauft werden, macht die Firma Gewinn, weil die Einnahmen größer als die Kosten sind.

66 $50\,\% < W \leq 97{,}2\,\%$

67 Die monatliche Lehrlingsentschädigung in einem Handelsbetrieb beträgt brutto mindestens 570 € und weniger als 1 100 €.

68 Wie hoch muss die Konsumation x sein, damit der Rabatt größer als die Gebühr von 5 € ist?

69		x		x	x
70			x	x	x
71	x	x			x
72	x		x	x	x

73 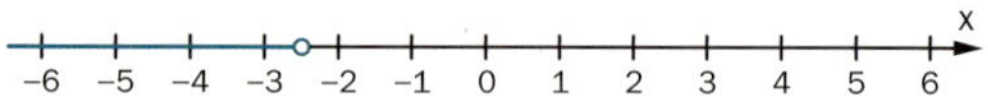

74 oben: C A unten: B E

75 oben: E F unten: D A

76
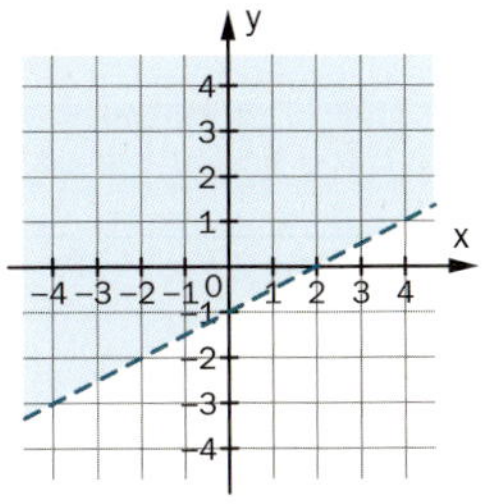

77
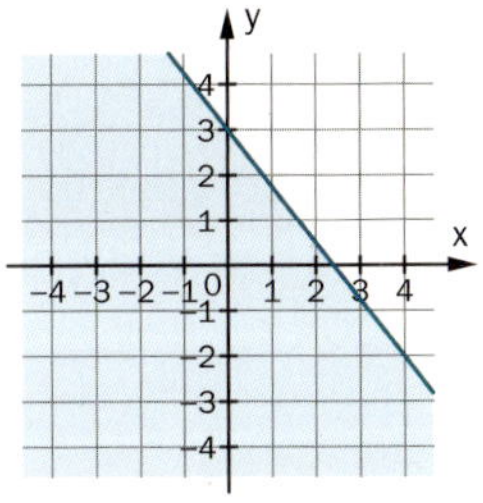

78

x				x

79 $L = (0; 3]$

80

		x	x	

81

x			x	

82 Laut Darstellung gilt $-0{,}5x > 1$ für $x < -2$.

83 $a \leq -\frac{23}{3}$

84
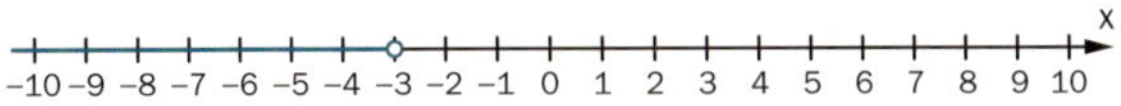

85
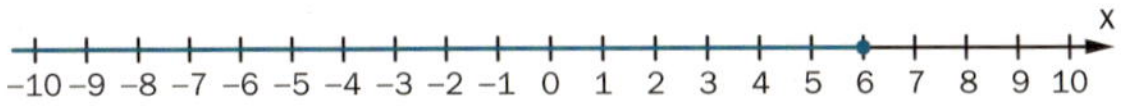

86

x			x	x

Kapitel 3

87 E C D F

88 $x = -1, \; x = 3$

89 $f(x) = 0 \Leftrightarrow x_1 = -1, \; x_2 = 2$
Die Funktion hat die Nullpunkte $N_1 = (-1|0)$, $N_2 = (2|0)$.

90 Nullstellen: $x_1 = -1, \; x_2 = 1$

91 Nullstellen: $x_1 = 1, \; x_2 = 4$

92

x		x		

93 $f(6) = \frac{6}{3} - 2 = 0 \Rightarrow x = 6$ ist Nullstelle
$f(-3) = \frac{-3}{3} - 2 = -3 \Rightarrow x = -3$ ist Fixpunkt

94

	x		x	x

95

x	x	x	x	x

96 Die Funktion f hat eine Nullstelle, weil $k \neq 0$ ist.

97

				x	

98
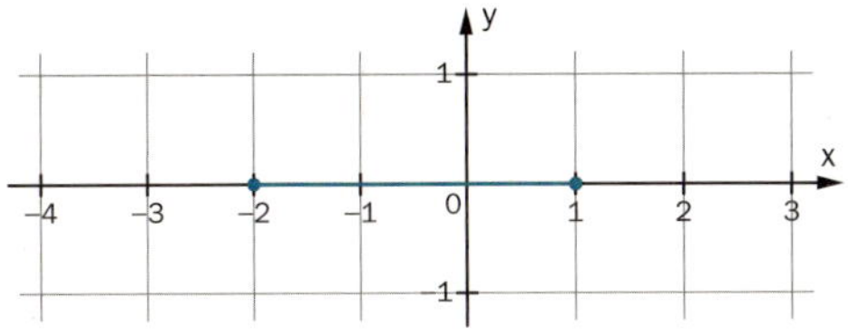

99 $x \in [1; 5]$

100

			x	x

101 f ist auf ganz $\mathbb{R}$ streng monoton fallend

102

x	x		x	

103

	x	x	x	x

104 Hochpunkt: $H = (0|3)$, Tiefpunkt: $T = (2|2)$

105

x					

106

	x	x		x

107

x	x	x	x	x

108
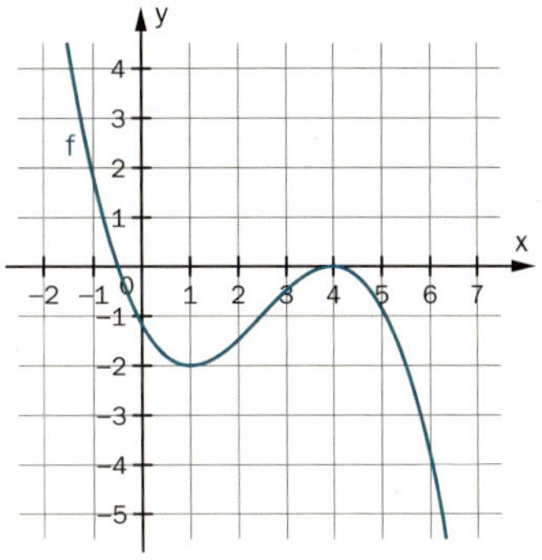

109

					x

110 Die Funktion s ist eine gerade Funktion, da für alle $x \in \mathbb{R}$ $s(-x) = s(x)$ gilt.

111

	x	x	x	

112 $c = 2$

113

		x	x	

114 $x = 3$

115 Die Person macht in 30 Sekunden 6 Atemzüge, das sind 12 Atemzüge pro Minute. Die Person ist daher in Bezug auf ihre Atmung gesund.

116

x			x	x

117 absolute Änderung: $b - a$,
relative Änderung: $\frac{b-a}{a}$,
mittlere Änderung: $\frac{b-a}{3}$

118 absolute Änderung: $16{,}2 \text{ g/m}^3$,
relative Änderung: ca. $2{,}38 = 238\,\%$

119

					x

120

x				

121
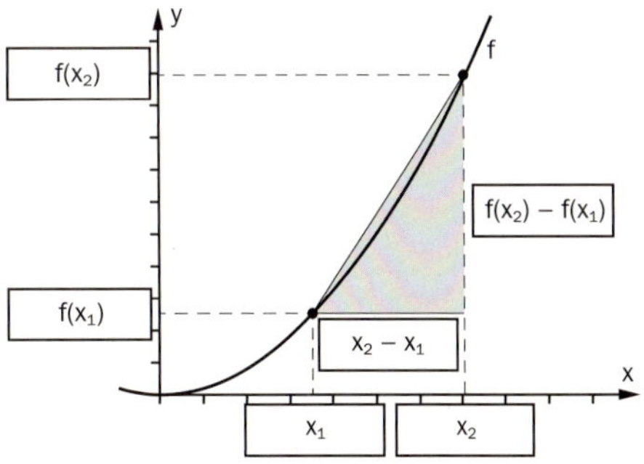

122

x	x		x	x

123

x		x	x	x

124 $\frac{f(2) - f(-1)}{2 - (-1)} = 1$

125 0,2

126

x		x		

127

x				

128 Der Exponent z ist ungerade, weil der Graph symmetrisch zum Koordinatenursprung ist.
z ist negativ, weil der Graph eine senkrechte Asymptote hat bzw. aus zwei Ästen besteht

129 zum Beispiel:

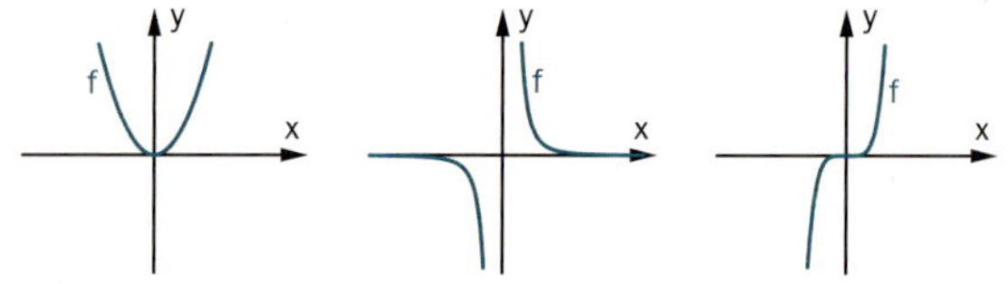

130

		x		x

131 $f(x) = -2x^{-2}$

132 $a = 3$ und $b = -2$

133

x	x		x	x

134

x			x	

135

			x	x

136 zum Beispiel:

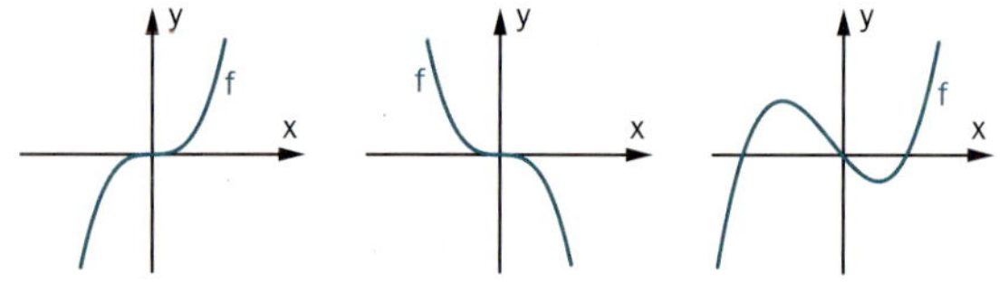

137

x	x		x	x

138

		x		x

139

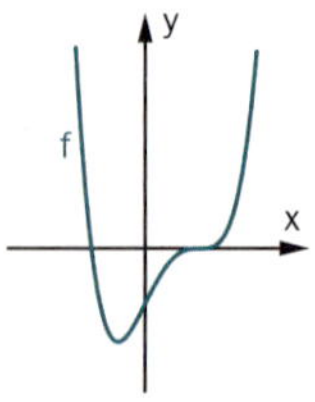

140

		x		

141

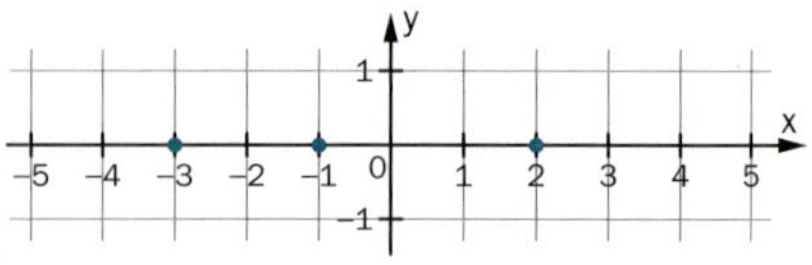

142 z. B. $f(x) = (x - 5) \cdot (x - 3) = x^2 - 8x + 15$

143 z. B. $f(x) = -(x + 3)^2 \cdot (x - 2)$ oder $f(x) = -(x + 3) \cdot (x - 2)^2$

144 C B E D

145

x		x		

146

			x		

147 $x = f(x) \Rightarrow x = x^2 + 4x + 3 \Rightarrow 0 = x^2 + 3x + 3 \Leftrightarrow$

$$x_{1,2} = -\frac{3}{2} \pm \sqrt{\underbrace{\left(\frac{3}{2}\right)^2 - 3}_{= -\frac{3}{4} < 0}} \Rightarrow \text{keine Lösung}$$

Die Gleichung $x = f(x)$ hat keine reelle Lösung, daher hat f keinen Fixpunkt.

148 $a = \frac{2}{5}$ und $c = 25$

149 Schnittpunkt mit der y-Achse: $(0 | b)$

150

	x	x	x	x

151 Ja, f ist eine Exponentialfunktion mit $f(x) = c \cdot 2^x$ ($c \in \mathbb{R}^*$), da $f(x + 1) = c \cdot 2^{x+1} = c \cdot 2^x \cdot 2 = f(x) \cdot 2$

152 $f(x) = -\frac{2}{5} \cdot \left(\frac{1}{3}\right)^x$

153 $f(x) \approx 2 \cdot e^{-0{,}69315x}$

154

	x		x	

155

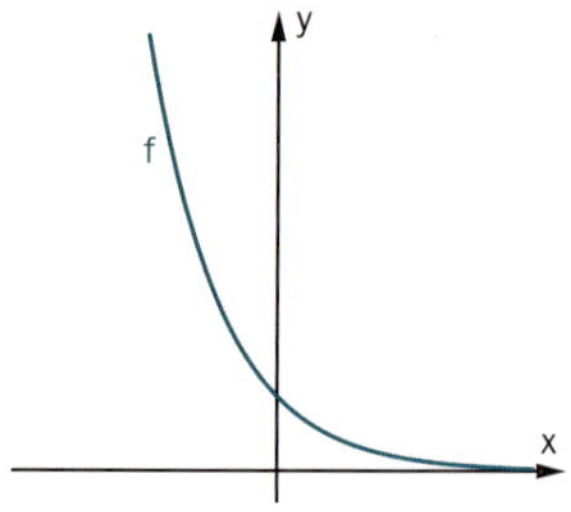

156

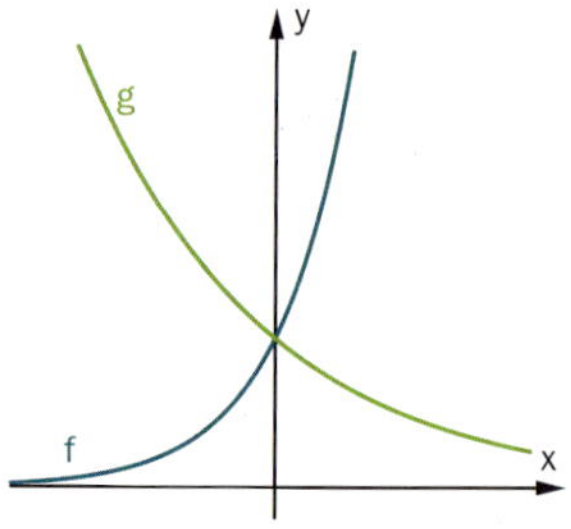

157

x		x		

158

	x	x	x	

159 $f(x)$ erhöht sich um 72,8 %.

160 $f(x)$ wächst auf das ca. 1,22-Fache.

161 $f(x) = \left(\frac{1}{2}\right)^x$

162

x				x

163

x			x	x

164 Die gegebene Funktion f ist keine Exponentialfunktion, da x nicht im Exponenten steht.

165 $B(t) = 8{,}402 \cdot 1{,}003^t$
t … Anzahl der vergangenen Jahre seit dem 1. Jänner 2011
$B(t)$ … Bevölkerung nach t Jahren in Mio.

166 Wenn die Anzahl $H(t)$ der Hefezellen zur Zeit t jede Woche um 30 % steigt, dann kann sie durch die Termdarstellung $H(t) = H_0 \cdot 1{,}3^t$ (Zeit t in Wochen) beschrieben werden.

167

x			x	x

168 Der Luftdruck nimmt mit zunehmender Höhe (exponentiell) ab.

169 Mit jedem Meter Tiefe nimmt die Intensität des Lichts um 11 % ab.

170

		x		x

171 nach ca. 13,3 Minuten

172 Die Leistung fällt um ca. 60,2 % ab.

173 Der Bestand verdoppelt sich innerhalb von ca. 41 Jahren.

174 $N(T) = 2N_0 \Rightarrow 2N_0 = N_0 \cdot a^T \Rightarrow 2 = a^T \Rightarrow T = \frac{\ln a}{\ln 2}$

175 Die Aussage ist falsch, denn die Halbwertszeit von Substanz A beträgt 1 Tag, die von Substanz B aber 3 Tage.

176 Es sind noch ca. 0,5 % der Substanz vorhanden.

177 $\tau \approx 30{,}17$ Jahre

178

	x		x	

179

	x			x

180 Ja, es kann durch ein exponentielles Modell beschrieben werden, da die befallene Fläche täglich um ca. 12 % zunimmt.

181 $A(t) = A_0 \cdot 1{,}0137^t$

182 Ein Wachstumsprozess kann durch ein exponentielles Modell der Form $N(t) = N_0 \cdot a^t$ beschrieben werden, wenn die relative Änderung pro Zeitintervall konstant ist und $N(t + c) = N(t) \cdot a^c$ ist.

183 lineares Modell: $N(t) = 10t + 200$,
exponentielles Modell: $N(t) = 200 \cdot 1{,}04564^t$

184

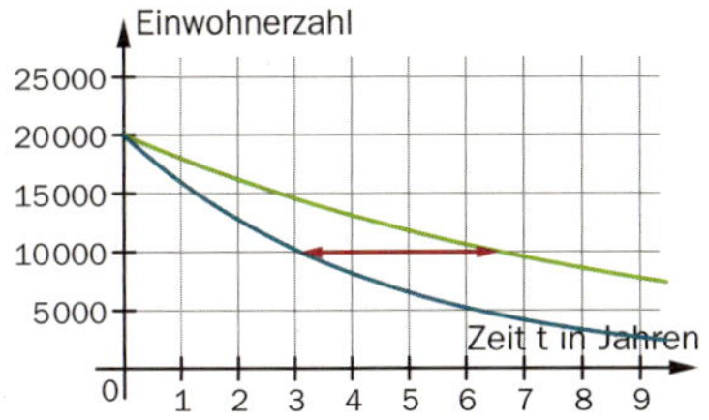

185

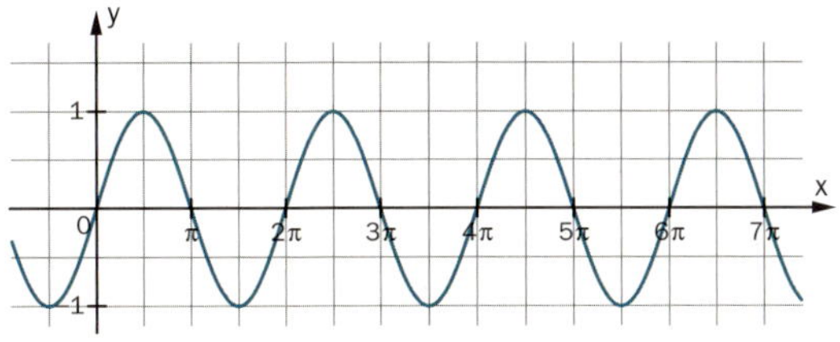

186

x		x	x	x

187

x	x	x		

188

x		x		x

189 $\sin\left(2k\pi + \frac{3\pi}{2}\right) = -1$

190 D C B F

191 $b = -\frac{\pi}{2}$

192

x	x			

193

		x	x	

194 C A B D

195 D C A B

196 Die angegebenen Werte könnten Funktionswerte einer Winkelfunktion sein, weil sie eine Gleichung des Typs $y = a \cdot \cos(bx)$ erfüllen.

197 B C D A

198 B F C D

199

x	x	x		

200

x	x	x	x	x

201 Durch die Abhängigkeit $a(c)$ in der Formel $a = c \cdot \sin(cx)$ wird eine Winkelfunktion beschrieben.

202 $F_G(r)$: Potenzfunktion,

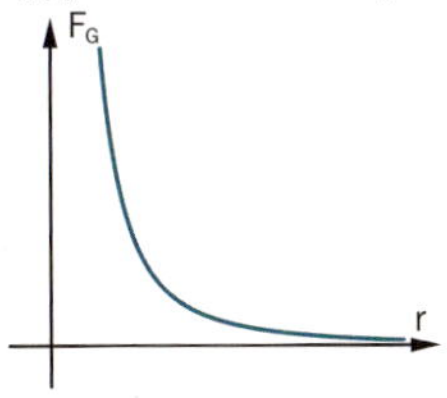

203 D B E C

204 $a = 3,\ b = -1$

205

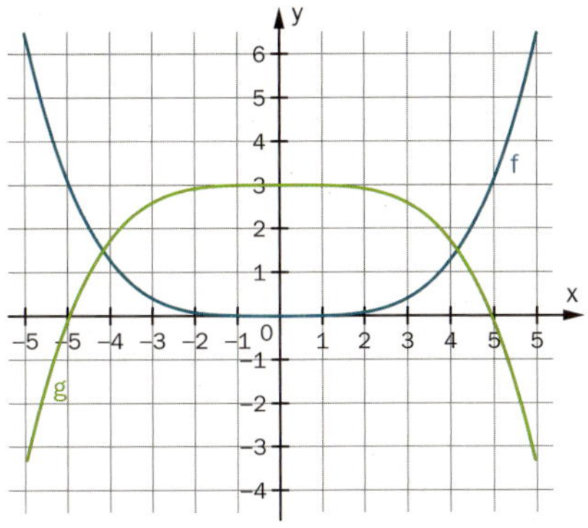

206

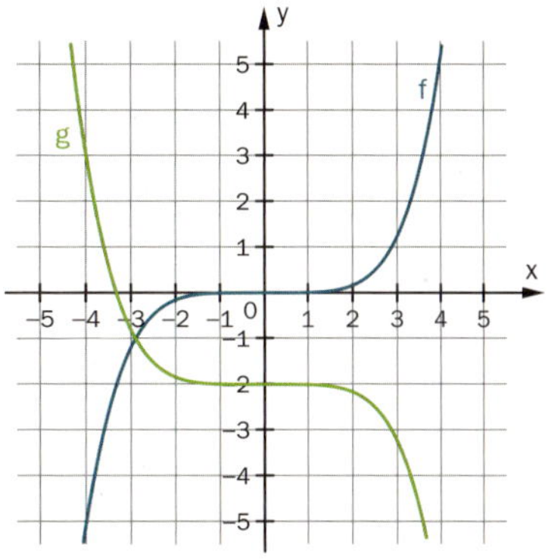

207 Die Funktion f verändert sich zur Funktion g, wenn a kleiner wird und c kleiner wird.

208 $a = 3,\ b = 2$

209 zum Beispiel:

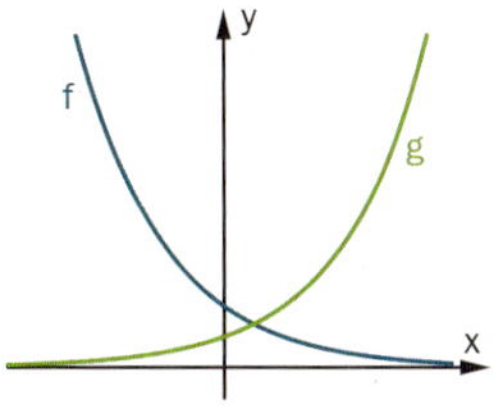

210 zum Beispiel:

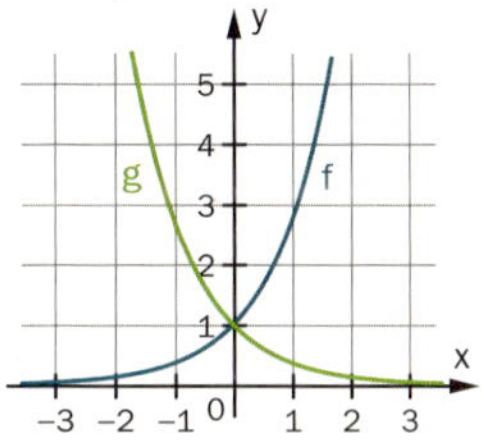

211 $f(x) = 2\sin(x)$; $g(x) = \sin(3x)$

212 Die Funktion g verändert sich zur Funktion f, wenn a kleiner wird und b gleich bleibt.

213

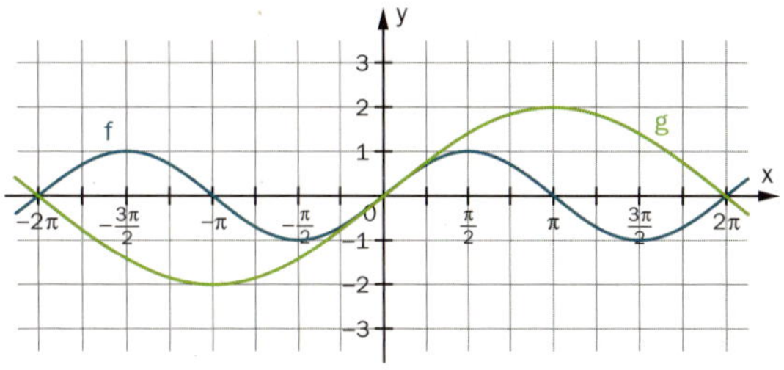

214 Die Schwingung g hat eine Schwingungsdauer von π, wenn $b = 2$ ist.

215

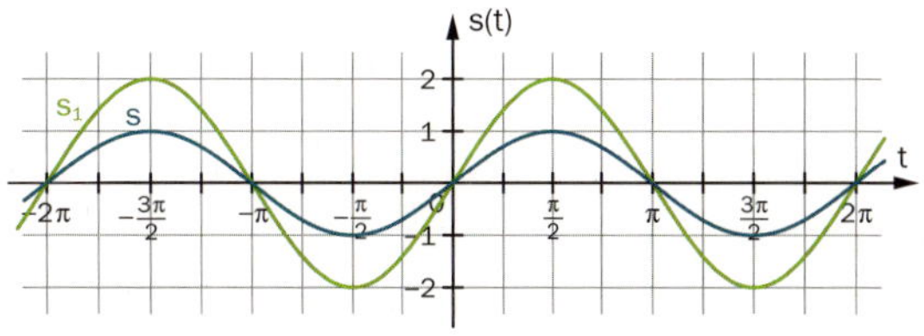

$s_1(t) = 2\sin(t)$

216 $r = 3$
Die Amplitude der Schwingung ist 3.

217 $f_1 = \frac{1}{\pi}$ $s_1(t) = \sin(2t)$

$f_2 = \frac{1}{6\pi}$ $s_2(t) = \sin\left(\frac{t}{3}\right)$

218

x	x			x

Kapitel 4

219 Die rekursive Darstellung einer Folge gibt an, wie aus a_n das nächste Glied a_{n+1} berechnet wird.

220

x	x		x	

221

x		x		

222 $a_{200} = -40\,000$

223

	x		x	

224 $a_{n+1} = a_n - 2$ mit $a_1 = 5$

225 $a_n = n^2$

226

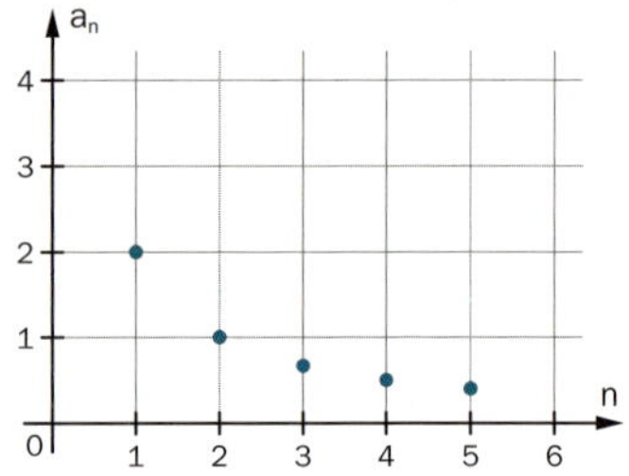

227

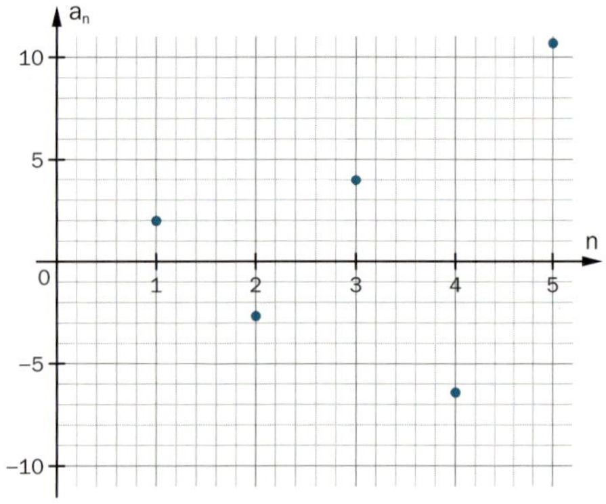

228

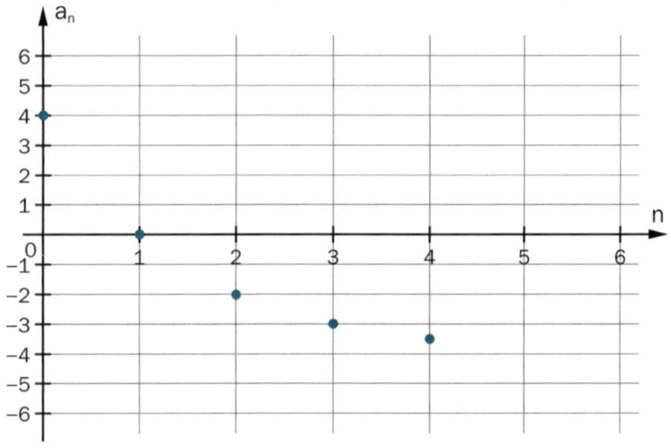

229

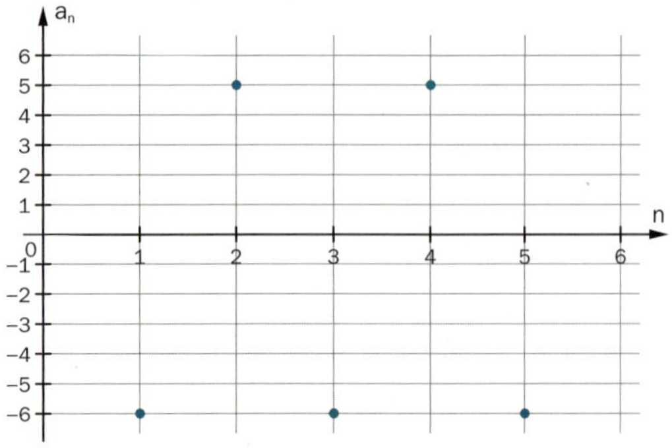

230 12: Die Kerze hat zu Beginn eine Höhe von 12 cm.
−2: Die Kerze brennt jede Stunde 2 cm ab.

231

x	x			x

232 Das Sparbuch wurde mit 2 000 € eröffnet.
Es wird mit 0,25 % jährlich verzinst. Am Ende jedes Jahres werden 500 € auf das Sparbuch gelegt.

233

		x	x	x

234

x				x

235

x			x	

236

x			x	

237 $a_n < a_{n+1}$

$\frac{4n-3}{n} < \frac{4(n+1)-3}{n+1}$

$n - 3 < n$ w. A. für alle $n \in \mathbb{N}^*$

238 $a_n \leq 6$

$\frac{2n+4}{n} \leq 6$

$n \geq 6$ w. A. für alle $n \in \mathbb{N}^*$

239

	x	x	x	x

240

x	x	x	x	

241 E C B A

242

	x	x	x	

243

x			x	x

244

x	x	x		

245

x	x	x		x

246 Die Folge a_n ist divergent – sie besitzt keinen Grenzwert. Ihr Grenzwert ist daher insbesondere nicht Null.

247

	x	x	x	

248

	x	x		

249 $a = 5$

250 $\lim\limits_{n \to \infty} \frac{4n^3 - 2n^2 + 9}{2n^3 - n + 4} = 2$

251 $a_n = -1 + 0{,}5n$

252 rekursive Darstellung: $a_{n+1} = a_n - 2,\ a_0 = 4$
explizite Darstellung: $a_n = -2n + 4$

253 C F D A

254

			x	x

255

x	x		x	x

256

		x		x

257

x				x

258 $a_{40} = 2{,}1$

259

	x			

260 B A E F

261

x	x	x		

262

	x			

263

x			x	

264

		x	x	

265 $b_5 = 243$

266

x	x	x	x	

267 $b_n = 0{,}5 \cdot 3^n$

268 nicht linear, weil sich das Guthaben nicht jedes Jahr um den gleichen Wert verändert, z. B. $K_1 - K_0 = 53$ und $K_2 - K_1 \approx 53{,}8$
nicht exponentiell, weil sich das Guthaben nicht jedes Jahr um den gleichen Faktor verändert, z. B. $\frac{K_2}{K_1} \approx 1{,}27$ und $\frac{K_2}{K_1} \approx 1{,}21$

269 lineare Abnahme, weil die Restschuld jedes Monat um den gleichen Betrag, nämlich 650 € sinkt; $r_n = 10000 - 650 \cdot n$

270 Der Quotient q der aufeinanderfolgenden Folgenglieder ist konstant, weil: $q = \frac{K_{n+1}}{K_n} = \frac{K_0 \cdot \left(1 + \frac{p}{100}\right)^{n+1}}{K_0 \cdot \left(1 + \frac{p}{100}\right)^n} = 1 + \frac{p}{100}$

oder: Die Funktion K mit $K(n) = K_0 \cdot \left(1 + \frac{p}{100}\right)^n$ ist eine Exponentialfunktion mit Definitionsmenge $\mathbb{D}_K = \mathbb{N}$.

271

		x

272 rekursiv: $G_{n+1} = G_n - 150$ mit $G_0 = 9450$ oder explizit: $G_n = 9450 - n \cdot 150$

273 $G_n = 9500 - 50 \cdot 1{,}05^n$

Kapitel 5

274

x			x	

275

	x			x

276 $s_{50} = (1 + 50) \cdot \frac{50}{2} = 1275$

277

		x	x	x

278 745,5

279

			x	x

280 Die Differenz aufeinanderfolgender Folgenglieder ist konstant −15.
Summe: $a_1 = 140$, $a_{100} = -1345 \Rightarrow s_{100} = -60250$

281 Die Reihe $0{,}1 + 0{,}01 + 0{,}001 + 0{,}0001 + \ldots$ ist eine unendliche geometrische Reihe, weil der Quotient benachbarter Summanden konstant ist.

282

x		x	x	

283 $s = 12$

284 $\frac{4}{9} = 0{,}\dot{4}$

285 $\frac{63}{99} = \frac{7}{11} = 0{,}\overline{63}$

286

x			x	x

287

	x		x	x

288 Jede unendliche arithmetische Reihe ist divergent.

289 Für den Quotienten q zwischen aufeinanderfolgenden Folgengliedern gilt: $|q| = \frac{3}{4} < 1$
oder: $64 + 48 + 36 + 27 + \ldots = \frac{64}{1 - \frac{3}{4}} = 256$

290

		x		x

291 2785,80 Euro

292 Der Ausdruck gibt den Wert des Kapitals (2500 €) vor fünf Jahren an.

293 1) Wert der Immobilie in fünf Jahren
2) Wertsteigerung der Immobilie in den kommenden fünf Jahren
3) Wert der Immobilie vor fünf Jahren

294 Der Verkäufer sollte sich für Angebot B entscheiden, da der Barwert von B rund 175000 €, der Barwert von A hingegen nur rund 171000 € beträgt.

295

x		x		x

296

	x	x		

Kapitel 6

297

x		x		x

298 $n = 4800000$

299 Das Merkmal *höchste abgeschlossene Ausbildung* wird mithilfe einer Ordinalskala gemessen, weil die Ausprägungen des Merkmals der Reihe nach geordnet werden können.

300 Spannweite für Frauen = 2150 €
Spannweite für Männer = 3000 €
Interpretation: Der Unterschied zwischen dem geringsten und dem höchsten Einkommen ist bei den Männern mit 3000 € höher als bei den Frauen. Hier ist die Differenz 2150 €.

301 $R = 120$
Am Sonntag kamen 120 Personen mehr in das Museum als am Dienstag bzw. am Donnerstag.

302 $x_{min} = 8{,}3$ $x_{max} = 13{,}1$ $R = 4{,}8$
In Wien endet eine gescheiterte Ehe im Durchschnitt schon nach 8,3 Jahren, während im Burgenland erst nach 13,1 Jahren ein Schlussstrich gezogen wird. Die mittlere Dauer geschiedener Ehen ist im Burgenland um 4,8 Jahre höher als in Wien.

303

	x		x	

304

	x	x		

305

		x		x

306 absolute Häufigkeit = 16,
relative Häufigkeit = $\frac{16}{28} = \frac{4}{7} \approx 57\,\%$

307 Etwa 269000 Personen haben NEOS gewählt.

308

	x	x	x	x

309

x		x	x	

310 Griechenland hat den höchsten Zigarettenkonsum und eine Sterberate von ca. 29 Sterbefällen pro 100000 Einwohner

311 Die Aussage ist falsch, da $50{,}4\,\% \cdot 1{,}042 \approx 52{,}5\,\%$ und $52{,}5\,\% < 54{,}6\,\%$.

312

			x	x

313

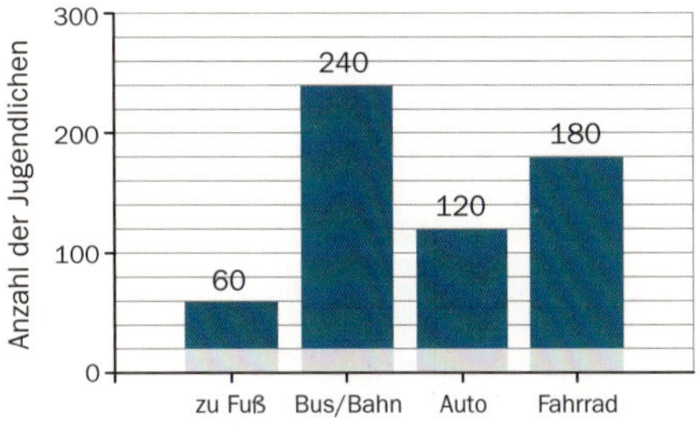

314

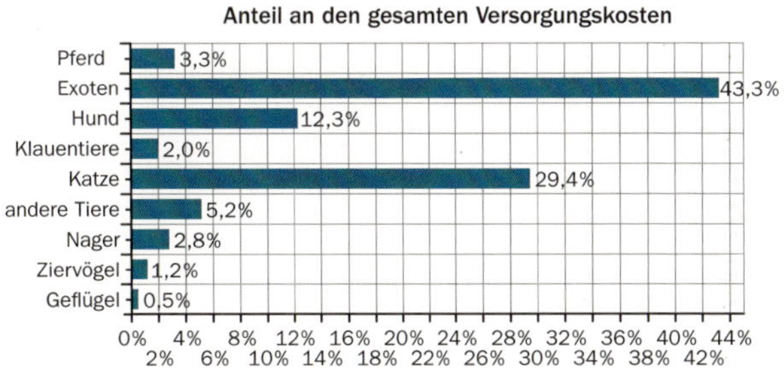

315

	x	x	x	

316

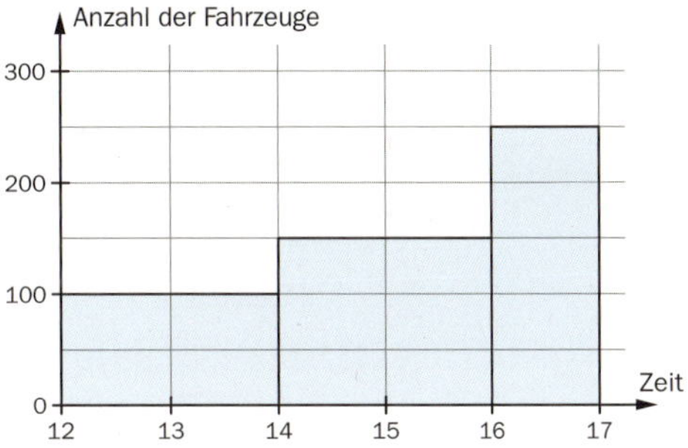

317
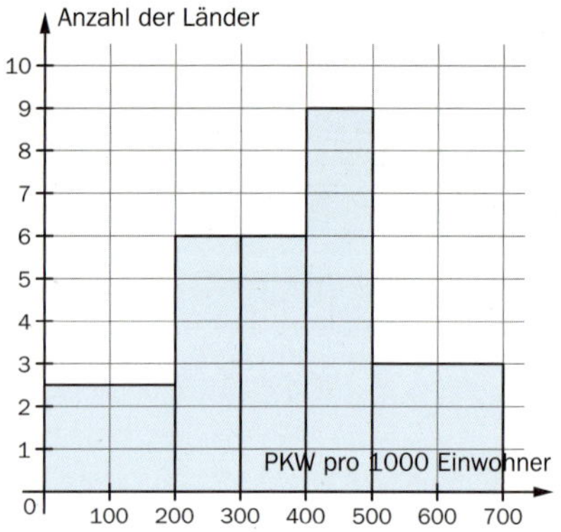

318 $\bar{x} = 10,\ \tilde{x} = 9$

319

x		x	x	x

320

	x	x	x	x

321

	x	x		

322 Der Median beschreibt die mittlere Körpergröße besser, da sich der Ausreißer (203) kaum auf diesen auswirkt. Das arithmetische Mittel wird durch den Ausreißer hingegen stark beeinflusst.

323 $\bar{x} = 37{,}50$ €

324 ca. 2500,88 €

325 $\bar{x} = 2271{,}78$ €

326

		x		x

327

		x		x

328 Der Median liegt in der Mitte der geordneten Liste $x_1, x_2, \ldots, x_{10}$, d. h. zwischen dem fünften und dem sechsten Datenwert. Das arithmetische Mittel von x_5 und x_6 ist $\frac{x_5 + x_6}{2}$.

329 Addiert man zu jedem Wert einer Urliste dieselbe Zahl $a > 0$ so bewirkt dies, dass das arithmetische Mittel größer wird und die Standardabweichung gleich bleibt.

330 $\bar{y} = 15,\ s_y = 3$

331

x	x	x		x

332 Das 1. Quartil liegt zwischen der Slowakei und Kroatien. Der Preisniveauindex von einem Viertel aller EU-Länder liegt unter jenem der Slowakei. 21 EU-Länder, also 75 %, haben einen höheren Preisniveauindex als Kroatien.

333

	x	x		

334 Die Breite der Box in einem Boxplot ist gegeben durch den Quartilsabstand. Die senkrechte Linie innerhalb der Box ist gegeben durch den Zentralwert.

335

	x		x	

336 F C A D

337
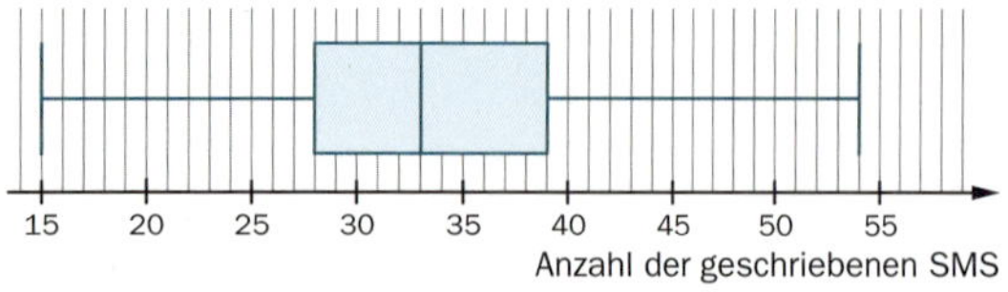

Kapitel 7

338 abgeführte Mehrwertsteuer $= 0{,}2\vec{N} \cdot \vec{V}$

339 Wert aller Aktien des gesamten Wertpapierdepots zu einer bestimmten Zeit

340 Höhe der gesamten monatlichen Miete für die Wohnung in €

341 $\vec{v} - 1500 \cdot \vec{m} = \begin{pmatrix} 6905 \\ 1230 \\ 65 \end{pmatrix}$ fasst zusammen, wie viel kg Kies, Zement und Wasser am Abend des Arbeitstages auf der Baustelle vorhanden sind.

342 Der Ausdruck $(F_1 + F_2 + F_3) \cdot \begin{pmatrix} 1 \\ 1 \\ 1 \\ 1 \end{pmatrix}$ gibt an, wie viel kg Brot an diesem Tag insgesamt geliefert wurde.

343

	x	x	x	x

344 $S = (2|2|6)$

345 $\overrightarrow{CH} = \begin{pmatrix} -3 \\ 3 \\ 4 \end{pmatrix}$

346

x	x	x		

347 $v = \sqrt{4^2 + 5^2 + 3^2} = \sqrt{50} \approx 7$ m/s

348 $z = -\frac{1}{2}$

349

	x	x	x	x

350 $\vec{a}_0 = \frac{1}{5\sqrt{2}} \begin{pmatrix} -4 \\ 3 \\ 5 \end{pmatrix}$

351

x			x	

352 $z = 10$

353 $x = 2$

354 $r = -2$

355

			x	x

356 Das Dreieck ABC ist nicht rechtwinklig, weil $\overrightarrow{AB} \cdot \overrightarrow{AC} \neq 0$, $\overrightarrow{BC} \cdot \overrightarrow{BA} \neq 0$ und $\overrightarrow{CA} \cdot \overrightarrow{CB} \neq 0$ sind.

357 $\varphi \approx 71{,}8°$

358 $\alpha = \sphericalangle(\overrightarrow{AB}, \overrightarrow{AC}) \approx 109{,}6° > 90°$

359 z. B. $\vec{c} = \vec{a} \times \vec{b} = \begin{pmatrix} 2 \\ -1 \\ 4 \end{pmatrix}$

360 $\vec{a} \times \vec{b}$ steht normal auf $\vec{a}$, daher ist das skalare Produkt von $\vec{a}$ mit diesem vektoriellen Produkt gleich Null.

361 zum Beispiel: $g\colon X = \begin{pmatrix} 1 \\ -1 \\ 0 \end{pmatrix} + t \cdot \begin{pmatrix} 2 \\ -1 \\ -3 \end{pmatrix}$

362 $g\colon X = \begin{pmatrix} 0 \\ -4 \\ 5 \end{pmatrix} + t \cdot \begin{pmatrix} 1 \\ 1 \\ -1 \end{pmatrix} \Rightarrow A = \begin{pmatrix} 0 \\ -4 \\ 5 \end{pmatrix} + 4 \cdot \begin{pmatrix} 1 \\ 1 \\ -1 \end{pmatrix} \Rightarrow A \in g$

363

x		x	x	x

364

x		x		

365 Die Richtungsvektoren $\vec{g} = \begin{pmatrix} 3 \\ 4 \\ -1 \end{pmatrix}$ und $\vec{h} = \begin{pmatrix} -6 \\ 8 \\ 2 \end{pmatrix}$ sind keine Vielfachen voneinander.
⇒ Die Richtungsvektoren sind nicht parallel.
⇒ g und h sind nicht parallel.

366 $z_H = 0,\ x_h = -4,\ y_h = 0$

367

				x	

368 $\varphi = \sphericalangle(g, h) \approx 77{,}4°$

369

			x	x

370 Sie sind rund 31 km voneinander entfernt.

371

	x	x		

372 $p_x = \frac{1}{3}$

373 y-Koordinate: $1 = 1 + t \cdot 1 \Rightarrow t = 0$;
z-Koordinate: $5 = 1 - s \Rightarrow s = -4$;
x-Koordinate: $-3 + (-4) \cdot 2 + 0 \cdot 2 \neq -2$

374 B A C E

375

		x	x	

376 F B C E

377 $y = 2$ und $z = 3$

378

x		x		

379 $S = (5|-2|1)$

380

x		x	x	

381 Die Normalvektoren $\vec{n}_1 = \begin{pmatrix} 5 \\ -1 \\ 3 \end{pmatrix}$, $\vec{n}_2 = \begin{pmatrix} 10 \\ -2 \\ 6 \end{pmatrix}$, $\vec{n}_3 = \begin{pmatrix} -1 \\ 0{,}2 \\ -0{,}6 \end{pmatrix}$ sind zueinander parallel, weil $\vec{n}_2 = 2 \cdot \vec{n}_1$ und $\vec{n}_1 = -5 \cdot \vec{n}_3$.
Für $a \in \mathbb{R}$ mit $a \neq -4$ liegt kein einziger gemeinsamer Schnittpunkt vor.

Kapitel 8

382

x	x	x	x	

383 $\Omega = \{1, 2, 3, \ldots, 15\}$, $A = \{2, 4, 6, \ldots, 14\}$

384 D F E B

385 $A = \{$(rot, rot), (blau, blau), (grün, grün), (gelb, gelb)$\}$

386 $A = \{(r, b), (b, r), (r, g), (g, r), (r, r)\}$

387 Bei zwei der drei Münzen zeigt die Wappenseite nach oben.

388

x			x	x

389 B C A E

390 Es gilt $\Omega = \{1, 2, 3, 4, 5, 6\}$ und $A = \{6\} \Rightarrow$
$A' = \Omega \backslash A = \{1, 2, 3, 4, 5\} \neq \{1\} = B$

391 Weniger als 8 Teil-1-Aufgaben werden richtig gelöst.
oder: Mehr als 4 Teil-1-Aufgaben werden falsch oder nicht gelöst.

392

	x				

393 D B C F

394 Die Wahrscheinlichkeit kann mithilfe von Statistiken geschätzt werden. Es handelt sich um eine relative Häufigkeit.

395

	x		x	

396 Die Trefferquote ist eine relative Häufigkeit und keine Wahrscheinlichkeit, da nur 117 Elfmeter geschossen wurden. Erst nach sehr vielen Versuchen pendelt sich die Trefferquote bei einem Wert ein, und dieser Grenzwert ist die Wahrscheinlichkeit.
Hinweis: Als Schätzwert für die Wahrscheinlichkeit, einen Elfmeter zu verwerten, können die 85 % sehr wohl verwendet werden.

397

	x	x		

398

	x		x	

399 $P = 62{,}5\,\%$

400 C D E A

401

x	x	x		x

402

x	x	x	x	x

403 $P = \frac{10}{100} = 10\,\%$

404 C A F E

405 $P = \frac{1\,482\,768}{2\,200\,000} \approx 67{,}4\,\%$

406 Die Wahrscheinlichkeit für das Ereignis *Augensumme 5* ist gleich der Wahrscheinlichkeit für das Ereignis *Augensumme 9*, weil es jeweils vier Möglichkeiten gibt.

407 $P = \frac{6}{10} = 60\,\%$

408 $P = \frac{5}{20} \cdot \frac{4}{19} \approx 5{,}3\,\%$

409 $P = 0{,}8^{20} \approx 1{,}2\,\%$

410

	x	x	x	x

411 $P = 0{,}37 \cdot 0{,}15 \approx 5{,}6\,\%$

412 $P = 0{,}98^{100} \approx 13{,}3\,\%$

413

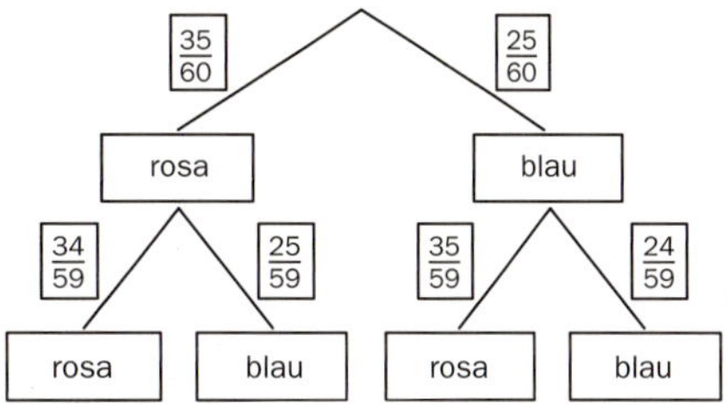

$\frac{7}{12} \cdot \frac{34}{59}$ ist die Wahrscheinlichkeit, dass beide gezogenen Bonbons rosa sind.

414 $P = \frac{6}{24} \cdot \frac{5}{23} \cdot \frac{4}{22} \cdot \frac{3}{21} \approx 0{,}1\,\%$

415

		x			

416 $P = \frac{1}{3} \cdot \frac{1}{3} = \frac{1}{9}$

417 $0{,}55^{30}$ beschreibt die Wahrscheinlichkeit, dass kein Kleidungsstück retourniert wird.
$1 - 0{,}55^{30}$ beschreibt die Wahrscheinlichkeit, dass mindestens ein Artikel zurückgeschickt wird.

418 F C A D

419

	x			x

420 $P = \frac{12}{20} \cdot \frac{11}{19} \cdot \frac{10}{18} + \frac{8}{20} \cdot \frac{7}{19} \cdot \frac{6}{18} \approx 24{,}2\,\%$

421 $P = \frac{1}{8} \cdot \frac{8}{15} + \frac{3}{8} \cdot \frac{8}{15} + \frac{1}{2} \approx 0{,}77 > 75\,\%$

422 $P = 1 - \frac{18}{25} \cdot \frac{17}{24} \cdot \frac{16}{23} \cdot \frac{15}{22} = 24{,}2\,\%$

423 $P = 0{,}75 \cdot 0{,}3 + 0{,}25 \cdot 0{,}3 \cdot 0{,}75 \approx 28{,}1\,\%$

424 Die Wahrscheinlichkeit, dass bei mindestens einem Auto eine erhöhte Geschwindigkeit gemessen wird, kann folgendermaßen berechnet werden: $1 - 0{,}95^3$.

425 $P = \frac{1}{6} + \frac{5}{6} \cdot \frac{1}{6} + \left(\frac{5}{6}\right)^2 \cdot \frac{1}{6} \approx 42{,}1\,\%$

426

x			x	

427

		x	x	

428 Der Term gibt die Wahrscheinlichkeit an, dass mindestens eine Person keinen gültigen Fahrschein hat.

429 Die Wahrscheinlichkeit höchstens drei Sechser zu würfeln, kann durch $1 - \left[5 \cdot \left(\frac{1}{6}\right)^4 \cdot \frac{5}{6} + \left(\frac{1}{6}\right)^5\right]$ angegeben werden.

430 F E A B

431 Der Term gibt die Wahrscheinlichkeit an, dass es in fünf Jahren genau viermal weiße Weihnachten gibt.

432

		x	x	

433

	x			x

434 C D F E

435 Der Term gib die Wahrscheinlichkeit an, dass die Piste *B* benutzt werden kann, wenn die Piste *A* an diesem Tag offen ist.

436 $P = 75\,\%$

437

	x			x

438 $P(A) = \frac{5}{36}$, weil $A = \{(1, 5), (2, 4), (3, 3), (4, 2), (5, 1)\}$
$P(B) = \frac{3}{6} = \frac{1}{2}$ $\quad P(A \cap B) = \frac{3}{36}$, weil $A \cap B = \{(3, 3), (4, 2), (5, 1)\}$
$P(A) \cdot P(B) \neq P(A \cap B)$, daher sind *A* und *B* nicht unabhängig.

439

x			x	

Erweiterter Grundkompetenzkatalog 6. Klasse

Die folgende Liste fasst alle Grundkompetenzen zusammen, die du am Ende der 6. Klasse bereits (zumindest teilweise) beherrschen solltest. Die Liste umfasst:

(1) die für die standardisierte schriftliche Reifeprüfung erforderlichen Grundkompetenzen, z. B.
AG-**R** 1.1 Reifeprüfungs-Grundkompetenz aus dem Inhaltsbereich *Algebra und Geometrie*

(2) jene Grundkompetenzen, die im Rahmen des Lehrplans neben den Reifeprüfungskompetenzen wesentlich sind, z. B.
AG-**L** 1.3 Lehrplan-Grundkompetenz aus dem Inhaltsbereich *Algebra und Geometrie*

Die färbig markierten Grundkompetenzen erarbeitest du im Lauf der 6. Klasse ganz oder in wesentlichen Teilaspekten neu. Alle anderen beherrschst du bereits seit Ende der 5. Klasse.

Inhaltsbereich Algebra und Geometrie (AG)

AG 1	**Grundbegriffe der Algebra**
AG-R 1.1	Wissen über die Zahlenmengen $\mathbb{N}$, $\mathbb{Z}$, $\mathbb{Q}$, $\mathbb{R}$, $\mathbb{C}$ verständig einsetzen können
AG-R 1.2	Wissen über algebraische Begriffe angemessen einsetzen können: Variable, Terme, Formeln, (Un-)Gleichungen, Gleichungssysteme, Äquivalenz, Umformungen, Lösbarkeit
AG-L 1.3	Mit Aussagen und Mengen umgehen können
AG-L 1.4	Zahlen in einem nichtdekadischen Zahlensystem darstellen können
AG 2	**(Un-)Gleichungen und Gleichungssysteme**
AG-R 2.1	Einfache Terme und Formeln aufstellen, umformen und im Kontext deuten können
AG-R 2.2	Lineare Gleichungen aufstellen, interpretieren, umformen/lösen und die Lösung im Kontext deuten können
AG-R 2.3	Quadratische Gleichungen in einer Variablen umformen/lösen, über Lösungsfälle Bescheid wissen; Lösungen und Lösungsfälle (auch geometrisch) deuten können
AG-R 2.4	Lineare Ungleichungen aufstellen, interpretieren, umformen/lösen, Lösungen (auch geometrisch) deuten können
AG-R 2.5	Lineare Gleichungssysteme in zwei Variablen aufstellen, interpretieren, umformen/lösen können; über Lösungsfälle Bescheid wissen; Lösungen und Lösungsfälle (auch geometrisch) deuten können
AG-L 2.6	Den Satz von Vieta kennen und anwenden können
AG-L 2.7	Lineare Gleichungssysteme in drei Variablen lösen können
AG 3	**Vektoren und analytische Geometrie**
AG-R 3.1	Vektoren als Zahlentupel verständig einsetzen und im Kontext deuten können
AG-R 3.2	Vektoren geometrisch (als Punkte bzw. Pfeile) deuten und verständig einsetzen können
AG-R 3.3	Definition der Rechenoperationen mit Vektoren (Addition, Multiplikation mit einem Skalar, Skalarmultiplikation) kennen; Rechenoperationen verständig einsetzen und (auch geometrisch) deuten können
AG-R 3.4	Geraden durch (Parameter-)Gleichungen in $\mathbb{R}^2$ und $\mathbb{R}^3$ angeben können; Geradengleichungen interpretieren können; Lagebeziehungen (zwischen Geraden und zwischen Punkt und Gerade) analysieren, Schnittpunkte ermitteln können
AG-R 3.5	Normalvektoren in $\mathbb{R}^2$ aufstellen, verständig einsetzen und interpretieren können
AG-L 3.6	Die geometrische Bedeutung des Skalarprodukts kennen und den Winkel zwischen zwei Vektoren ermitteln können
AG-L 3.7	Einheitsvektoren ermitteln, verständig einsetzen und interpretieren können
AG-L 3.8	Definition des vektoriellen Produkts und seine geometrische Bedeutung kennen
AG-L 3.9	Wissen, wodurch Ebenen festgelegt sind; Ebenen in Parameter- und Normalvektordarstellung aufstellen können

AG 4	**Trigonometrie**
AG-R 4.1	Definitionen von *Sinus*, *Cosinus* und *Tangens* im rechtwinkeligen Dreieck kennen und zur Auflösung rechtwinkeliger Dreiecke einsetzen können
AG-R 4.2	Definitionen von *Sinus* und *Cosinus* für Winkel größer als 90° kennen und einsetzen können
AG-L 4.3	Einfache Berechnungen an allgemeinen Dreiecken, an Figuren und Körpern (auch mittels Sinus- und Cosinussatz) durchführen können.
AG-L 4.4	Polarkoordinaten kennen und einsetzen können

Funktionale Abhängigkeiten (FA)

FA 1	**Funktionsbegriff, reelle Funktionen, Darstellungsformen und Eigenschaften**
FA-R 1.1	Für gegebene Zusammenhänge entscheiden können, ob man sie als Funktionen betrachten kann
FA-R 1.2	Formeln als Darstellung von Funktionen interpretieren und dem Funktionstyp zuordnen können
FA-R 1.3	Zwischen tabellarischen und grafischen Darstellungen funktionaler Zusammenhänge wechseln können
FA-R 1.4	Aus Tabellen, Graphen und Gleichungen von Funktionen Werte(paare) ermitteln und im Kontext deuten können
FA-R 1.5	Eigenschaften von Funktionen erkennen, benennen, im Kontext deuten und zum Erstellen von Funktionsgraphen einsetzen können: Monotonie, Monotoniewechsel (lokale Extrema), Wendepunkte, Periodizität, Achsensymmetrie, asymptotisches Verhalten, Schnittpunkte mit den Achsen
FA-R 1.6	Schnittpunkte zweier Funktionsgraphen grafisch und rechnerisch ermitteln und im Kontext interpretieren können
FA-R 1.7	Funktionen als mathematische Modelle verstehen und damit verständig arbeiten können
FA-R 1.8	Durch Gleichungen (Formeln) gegebene Funktionen mit mehreren Variablen im Kontext deuten können, Funktionswerte ermitteln können
FA-R 1.9	Einen Überblick über die wichtigsten (unten angeführten) Typen mathematischer Funktionen geben, ihre Eigenschaften vergleichen können

FA 2	**Lineare Funktion $f(x) = k \cdot x + d$**
FA-R 2.1	Verbal, tabellarisch, grafisch oder durch eine Gleichung (Formel) gegebene lineare Zusammenhänge als lineare Funktionen erkennen bzw. betrachten können; zwischen diesen Darstellungsformen wechseln können
FA-R 2.2	Aus Tabellen, Graphen und Gleichungen linearer Funktionen Werte(paare) sowie die Parameter *k* und *d* ermitteln und im Kontext deuten können
FA-R 2.3	Die Wirkung der Parameter *k* und *d* kennen und die Parameter in unterschiedlichen Kontexten deuten können
FA-R 2.4	Charakteristische Eigenschaften kennen und im Kontext deuten können: $f(x+1) = f(x) + k$; $\frac{f(x_2) - f(x_1)}{x_2 - x_1} = k = [f'(x)]$
FA-R 2.5	Die Angemessenheit einer Beschreibung mittels linearer Funktion bewerten können
FA-R 2.6	Direkte Proportionalität als lineare Funktion vom Typ $f(x) = k \cdot x$ beschreiben können

FA 3	**Potenzfunktion $f(x) = a \cdot x^z$ oder $f(x) = a \cdot x^{\frac{1}{2}} + b$**
FA-R 3.1	Verbal, tabellarisch, grafisch oder durch eine Gleichung (Formel) gegebene Zusammenhänge dieser Art als entsprechende Potenzfunktionen erkennen bzw. betrachten können; zwischen diesen Darstellungsformen wechseln können
FA-R 3.2	Aus Tabellen, Graphen und Gleichungen von Potenzfunktionen Werte(paare) sowie die Parameter *a* und *b* ermitteln und im Kontext deuten können
FA-R 3.3	Die Wirkung der Parameter *a* und *b* kennen und die Parameter im Kontext deuten können
FA-R 3.4	Indirekte Proportionalität als Potenzfunktion vom Typ $f(x) = \frac{a}{x}$ (bzw. $f(x) = a \cdot x^{-1}$) beschreiben können

FA 4	Polynomfunktion $f(x) = \sum_{i=0}^{n} a_i \cdot x^i$ mit $n \in \mathbb{N}$
FA-R 4.1	Typische Verläufe von Graphen in Abhängigkeit vom Grad der Polynomfunktion (er)kennen
FA-R 4.2	Zwischen tabellarischen und grafischen Darstellungen von Zusammenhängen dieser Art wechseln können
FA-R 4.3	Aus Tabellen, Graphen und Gleichungen von Polynomfunktionen Funktionswerte, aus Tabellen und Graphen sowie aus einer quadratischen Funktionsgleichung Argumentwerte ermitteln können
FA-R 4.4	Den Zusammenhang zwischen dem Grad der Polynomfunktion und der Anzahl der Null-, Extrem- und Wendestellen wissen (Grundkompetenz der 7. Klasse/5. Semester)

FA 5	Exponentialfunktion $f(x) = a \cdot b^x$ bzw. $f(x) = a \cdot e^{\lambda \cdot x}$ mit $a, b \in \mathbb{R}^+, \lambda \in \mathbb{R}$
FA-R 5.1	Verbal, tabellarisch, grafisch oder durch eine Gleichung (Formel) gegebene exponentielle Zusammenhänge als Exponentialfunktion erkennen bzw. betrachten können; zwischen diesen Darstellungsformen wechseln können
FA-R 5.2	Aus Tabellen, Graphen und Gleichungen von Exponentialfunktionen Werte(paare) ermitteln und im Kontext deuten können
FA-R 5.3	Die Wirkung der Parameter a und b (bzw. e^{λ}) kennen und die Parameter in unterschiedlichen Kontexten deuten können
FA-R 5.4	Charakteristische Eigenschaften $(f(x + 1) = b \cdot f(x);\ [e^x]' = e^x])$ kennen und im Kontext deuten können
FA-R 5.5	Die Begriffe *Halbwertszeit* und *Verdoppelungszeit* kennen, die entsprechenden Werte berechnen und im Kontext deuten können
FA-R 5.6	Die Angemessenheit einer Beschreibung mittels Exponentialfunktion bewerten können

FA 6	Sinusfunktion, Cosinusfunktion
FA-R 6.1	Grafisch oder durch eine Gleichung (Formel) gegebene Zusammenhänge der Art $f(x) = a \cdot \sin(b \cdot x)$ als allgemeine Sinusfunktion erkennen bzw. betrachten können; zwischen diesen Darstellungsformen wechseln können
FA-R 6.2	Aus Graphen und Gleichungen von allgemeinen Sinusfunktionen Werte(paare) ermitteln und im Kontext deuten können
FA-R 6.3	Die Wirkung der Parameter a und b kennen und die Parameter im Kontext deuten können
FA-R 6.4	Periodizität als charakteristische Eigenschaft kennen und im Kontext deuten können
FA-R 6.5	Wissen, dass $\cos(x) = \sin\left(x + \frac{\pi}{2}\right)$

FA 7	Folgen
FA-L 7.1	Zahlenfolgen (insbesondere arithmetische und geometrische Folgen) durch explizite und rekursive Bildungsgesetze beschreiben und grafisch darstellen können
FA-L 7.2	Zahlenfolgen als Funktionen über $\mathbb{N}$ bzw. $\mathbb{N}^*$ auffassen können, insbesondere arithmetische Folgen als lineare Funktionen und geometrische Folgen als Exponentialfunktionen
FA-L 7.3	Definitionen monotoner und beschränkter Folgen kennen und anwenden können
FA-L 7.4	Grenzwerte von einfachen Folgen ermitteln können

FA 8	Reihen
FA-L 8.1	Endliche arithmetische und geometrische Reihen kennen und ihre Summen berechnen können
FA-L 8.2	Den Begriff der Summe einer unendlichen Reihe definieren können
FA-L 8.3	Summen konvergenter geometrischer Reihen berechnen können
FA-L 8.4	Folgen und Reihen zur Beschreibung diskreter Prozesse in anwendungsorientierten Bereichen einsetzen können